『吃个明白』系列丛书

蛋白质

坚果
吃个明白

郭顺堂◎主编

U0246526

维生素B

钙

中国农业出版社

北京

图书在版编目（CIP）数据

坚果吃个明白/郭顺堂主编. —北京：中国农业出
版社，2018.10
ISBN 978-7-109-24263-0

Ⅰ.①坚… Ⅱ.①郭… Ⅲ.①坚果－基本知识
Ⅳ.①TS255.6

中国版本图书馆CIP数据核字（2018）第137339号

中国农业出版社出版
（北京市朝阳区麦子店街18号楼）
（邮政编码　100125）
责任编辑　黄曦

北京中科印刷有限公司印刷　新华书店北京发行所发行
2018年10月第1版　2018年10月北京第1次印刷

开本：710mm×1000mm　1/16　印张：13.5
字数：220千字
定价：48.00元
（凡本版图书出现印刷、装订错误，请向出版社发行部调换）

丛书编写委员会

本书编写委员会

序 言
preface

　　民以食为天，"吃"的重要性不言而喻。我国既是农业大国，也是饮食大国，一日三餐，一蔬一饭无不凝结着中国人对"吃"的热爱和智慧。

　　中华饮食文化博大精深，"怎么吃"是一门较深的学问。我国拥有世界上最丰富的食材资源和多样的烹调方式，在长期的文明演进过程中，形成了美味、营养的八大菜系、遍布华夏大地的风味食品和源远流长的膳食文化。

　　中国人的饮食自古讲究"药食同源"。早在远古时代，就有神农尝百草以辨药食之性味的佳话。中国最早的一部药物学专著《神农本草经》载药365种，分上、中、下三品，其中列为上品的大部分为谷、菜、果、肉等常用食物。《黄帝内经》精辟指出"五谷为养，五果为助，五畜为益，五菜为充，气味和而服之，以补精益气"，成为我国古代食物营养与健康研究的集大成者。据《周礼·天官》记载，我国早在周朝时期，就已将宫廷医生分为食医、疾医、疡医、兽医，其中食医排在首位，是负责周王及王后饮食的高级专职营养医生，可见当时的上流社会和王公贵族对饮食的重视。

　　吃与健康息息相关。随着人民生活水平的提高，人们对于"吃"的需求不仅仅是"吃得饱"，而且更要吃得营养、健康。习近平总书记在党的十九大报告中强调，中国特色社会主义进入新时代，我国社会主要矛盾已经转化为人民日益增长的美好生活需要和不平衡不充分的发展之间的矛盾。到2020年，我国社会将全面进入营养健康时代，人民群众对营养健康饮食的需求日益增强，以营养与健康为目标的大食品产业将成为健康中国的主要内涵。

　　面对新矛盾、新变化，我国的食品产业为了适应消费升级，在科技创新方面不断推

出新技术和新产品。例如马铃薯主食加工技术装备的研发应用、非还原果蔬汁加工技术等都取得了突破性进展。《国务院办公厅关于推进农村一二三产业融合发展的指导意见》提出："牢固树立创新、协调、绿色、开放、共享的发展理念，主动适应经济发展新常态，用工业理念发展农业，以市场需求为导向，以完善利益联结机制为核心，以制度、技术和商业模式创新为动力，以新型城镇化为依托，推进农业供给侧结构性改革，着力构建农业与二三产业交叉融合的现代产业体系。"但是，要帮助消费者建立健康的饮食习惯，选择适合自己的饮食方式，还有很长的路要走。

2015年发布的《中国居民营养与慢性病状况报告》显示，虽然我国居民膳食能量供给充足，体格发育与营养状况总体改善，但居民膳食结构仍存在不合理现象，豆类、奶类消费量依然偏低，脂肪摄入量过多，部分地区营养不良的问题依然存在，超重肥胖问题凸显，与膳食营养相关的慢性病对我国居民健康的威胁日益严重。特别是随着现代都市生活节奏的加快，很多人对饮食知识的认识存在误区，没有形成科学健康的饮食习惯，不少人还停留在"爱吃却不会吃"的认知阶段。当前，一方面要合理引导消费需求，培养消费者科学健康的消费方式；另一方面，消费者在饮食问题上也需要专业指导，让自己"吃个明白"。让所有消费者都吃得健康、吃得明白，是全社会共同的责任。

"吃个明白"系列丛书的组稿工作，依托中国农业大学食品科学与营养工程学院和农业农村部食物与营养发展研究所，并成立丛书编写委员会，以中国农业大学食品科学与营养工程学院专家老师为主创作者。该丛书以具体品种为独立分册，分别介绍了各类食材的营养价值、加工方法、选购方法、储藏方法等。注重科普性、可读性，并以生动幽默的语言把专业知识讲解得通俗易懂，引导城市居民增长新的消费方式和消费智慧，提高消费品质。

习近平总书记曾指出，人民身体健康是全面建成小康社会的重要内涵，是每个人成长和实现幸福生活的重要基础，是国家繁荣昌盛、社会文明进步的重要标志。没有全民健康，就没有全面小康。相信"吃个明白"这套系列丛书的出版，将会为提升全民营养健康水平、加快健康中国建设、实现全面建成小康社会奋斗目标做出重要贡献！

万宝瑞

原农业部常务副部长
全国人大农业与农村委员会原副主任委员
国家食物与营养咨询委员会名誉主任

前 言

introduction

　　小小坚果，不仅美味，还营养丰富，已经成为人们日常饮食、休闲娱乐不可或缺的佐餐、零食佳品，坚果消费引领了当今食品消费的时尚。在高血压、高脂血症、糖尿病、心脑血管疾病等健康问题高发的今天，调整饮食结构，平衡膳食营养，实现维持健康的体魄、预防疾病的目的，是广大消费者最关注的，也是最迫切的需求。凝植物生长之精华的坚果，到底能给我们带来什么营养和健康？本书将从食物营养的角度给坚果家族一个全面的、透彻的剖析，为消费者解开困惑，科学地认识坚果、食用坚果。

　　本书以核桃、榛子、杏仁、腰果、松子、板栗、夏威夷果、白果、扁桃仁、鲍鱼果、碧根果、山核桃、香榧、橡子、开心果、葵花籽、西瓜子、南瓜子、花生、莲子、芡实这21位坚果家族的成员为主角，用简单明了的语言分别从"撕名牌：认识坚果""直播间：坚果在线""开讲了：吃个明白""热知识、冷知识"等几个板块介绍坚果。先在"撕名牌"板块，从定义、种类上认识坚果，然后在"直播间"板块中，将各种坚果的前世今生、历史渊源、营养价值等娓娓道来。在给读者展示坚果魅力的同时，提醒消费者也要认识到坚果产品存在的食品安全和过多摄入的营养问题，如怎样防止霉菌、污染、非法添加、以次充好等现象，如何避开含油量高的坚果的氧化变质和过度消费等问题。

　　每一种坚果都有其独特的营养特点，但大多数称得上是"能量加油站""营养双刃剑"，适量食用有益健康，过量了可就会增加身体的负担了。接着，在"开讲了：吃个明

白"部分，权威解答"怎么吃坚果才叫恰到好处"，指导消费者根据体质差异，合理选择适合坚果种类，在最适宜的时间，以最适宜的方式，食用最适宜的量，得到最佳的营养补充效果。在这里，坚果吃出了花样，让美味与舌尖对话。

此外，本书还备有和坚果有关的轻松小知识、食用小窍门，它们以小贴士的形式出现，而一些热门话题，以及冷门的科学知识则放在"热知识、冷知识"板块呈现。例如如何区分纸皮核桃、薄皮核桃、厚皮核桃、山核桃，它们有什么区别？什么是"水漏榛子"？喝杏仁露饮料真的有那么好的保健效果吗？腰果是吃生的好还是熟的好呢？板栗怎么去壳最方便……本书将为您一一答疑解惑。

本书凝聚了数位编者的智慧与心血，他们在浩如烟海的资料中总结、甄别、验证、提练，去伪存真，拨云见日。具体编著任务如下：概述部分为刘静媛（北京农学院）；核桃、芡实、山核桃部分为陈辰；杏仁、腰果部分为王睿粲；松子、板栗部分为邢霁云；开心果、橡子部分为万洋灵；白果、扁桃仁部分为孙艺娇；鲍鱼果、碧根果部分为王璐；榛子、夏威夷果部分为郭诗文；葵花籽、西瓜子部分为孙小均；南瓜子、花生部分为刘欣然；香榧、莲子部分为王龄焓。由郭顺堂教授、徐婧婷博士、陈辰等负责全书统稿、校对。

我们特此鸣谢所有在食品科学、营养学，尤其是坚果相关领域潜心研究、做出突出贡献的每一位学者、前辈，为本书写作提供了诸多有价值的支撑和参考，如有疏漏、错误，还请多多谅解并斧正。此外，还要感谢农业农村部领导的高度重视和发起单位中国农业出版社对本系列科普书的大力支持，为本书成书搭建了良好的平台，让食品科学走进了千家万户。

那就请随我们一起，走进坚果的世界，做食用坚果的专家，让科学为健康做忠实的护卫者。

编者

2018年8月

目 录

Contents

撕名牌：认识坚果

（一）啥是坚果？吃坚果有什么营养

坚果又称壳果，是具有坚硬外壳的木本类植物的种子，榛子、核桃、松子等就是坚果的代表。

坚果是拥有众多成员的大家族，它们遍布世界各地，是男女老少的零食美味，调理烹制后也是餐桌上的宠儿。我国很早就有栽种和食用坚果的历史，商周时期便有记载。在《本草纲目》《千金要方》等古籍中，均详细记载了长期食用坚果的好处，如有"乌黑、身轻、步健"的功效。坚果不仅美味，从含有的成分来看，还是获取营养的优质来源。基本上所有的坚果都富含油、蛋白质和多糖或淀粉等碳水化合物，还含有维生素（维生素B族、维生素E等）、微量元素（磷、钙、锌、铁）、膳食纤维等，其中的油脂还富含单、多不饱和脂肪酸，尤其是含有大量的亚麻酸、亚油酸等人体的必需脂肪酸。所以适当吃些坚果，对强身健体很有好处。众所周知，咱们老百姓常说的核桃能益脑，榛子使人强壮，杏仁可抗衰老等，就是这个道理。食用坚果益处多多。大多数坚果对人体健康都具有以下功能特点：

（1）清除自由基

啥是自由基？自由基就是人体代谢过程中产生的具有氧化功能的化学基团，非常活泼，会与人体内的细胞组织以及载有大量遗传信息的DNA发生反应，损坏细胞组织，干扰代谢，甚至产生毒性和损坏作用。科学研究表明，一些坚果类食物如葵花籽就具有较强的清除自由基的能力，其作用不亚于草莓、菠菜清除自由基的能力。

(2) 降低Ⅱ型糖尿病发生的风险

美国哈佛大学公共卫生学院营养系的研究人员曾对11个国家的8.4万名34～59岁的妇女进行了16年的跟踪调查，他们发现，多食坚果将能显著降低Ⅱ型糖尿病的发生危险。他们认为，坚果中富含不饱和脂肪酸和其他营养物质，这些营养物质均有助于保持血糖和胰岛素的平衡。

(3) 降低心脏性猝死率

由于坚果中的蛋白、低不饱和脂肪酸和次生代谢物质等成分具有抗心率失常的作用，因而，在控制了已知的心脏危险因素并做到合理饮食后吃坚果，会降低心源性猝死的风险。与很少或从不吃坚果的人相比，每周吃2次或2次以上坚果的人，发生心源性猝死和因冠心病死亡的危险性均较低。

(4) 调节血脂

研究发现，每天适当摄入坚果，可使高脂血症患者体内的血清总胆固醇和载脂蛋白B明显下降，载脂蛋白A$_1$明显升高。说明富含单不饱和脂肪酸的坚果对高脂血症患者的血脂和载脂蛋白水平具有良好的调节作用。

(5) 提高视力

这不仅与坚果中含有维生素A有关，还和坚果与生俱来最大的特征——硬质有很大关系。研究发现，咀嚼强度对提高视力起着一定的作用，坚持吃坚果可以提高视力。眼睛的睫状肌对眼球晶状体具有调节作用，而睫状肌的调节功能有赖于面部的肌力，面部肌力的增强则得益于咀嚼强度。现代人的食物日趋软化，进食时咀嚼很少或根本不需要咀嚼，致使面部肌

肉力量变弱，睫状肌对眼球晶状体调节功能降低，视力也就容易随之下降。所以，多吃较硬的食物，并长期坚持对食物进行充分咀嚼，如坚果，更有助于您"心明眼亮"。

(6) 补脑益智

脑细胞是由60%的不饱和脂肪酸和35%的蛋白质构成。对于大脑的发育来说，需要的第一营养成分就是不饱和脂肪酸。坚果类食物中含有大量的不饱和脂肪酸，还含有15%～20%的优质蛋白质和十几种重要的氨基酸，这些氨基酸都是构成脑神经细胞的主要物质。此外，坚果中对大脑神经细胞有益的维生素B_1、维生素B_2、维生素B_6，维生素E及钙、磷、铁、锌等的含量也较高。因此，吃坚果对改善脑部营养很有益处，坚果特别适合孕妇和儿童食用。

品种繁多的坚果

（二）坚果的种类

坚果有那么多，怎么区分它们呢？可以通过分类的方法识别坚果。在全球范围内的坚果作物约有100多种，一般可分两大类：

一类是树坚果。顾名思义，它们的来源一般是树上开花结果后形成的种子，包括核桃、杏仁、腰果、榛子、松子、板栗、白果、开心果、夏威夷果、鲍鱼果、香榧、霹雳果等；

各种各样的坚果

另一类是作物的种子类，常见的有花生、葵花籽、南瓜子、西瓜子、莲子等。

我国幅员辽阔，国土从南到北、从东到西跨度都很大，坚果品种十分丰富。板栗、核桃和苦杏仁等产量均居于世界前列。我国一直是世界上最大的苦杏仁出口国，产量占世界总出口量的80%。

二、

直播间：坚果在线

（一）核桃

1. 认识核桃

核桃，又称胡桃，羌桃，为胡桃科植物，世界著名的"四大干果"之一，果实有壳，核桃仁形似大脑，秋冬成熟时采摘。

长在树上的核桃

可以立即食用的核桃

关于中华大地上第一棵核桃树的由来，过去一直认为是汉代张骞出使西域，沿着丝绸之路跋涉而来，但现今的研究表明，核桃并不是一地而是多地起源的植物，中国也是原产地之一。1972年在河北省邯郸的武安市发现磁山文化遗址，在遗址发掘的灰坑中，发现两座坑底部有树子堆积层，可辨认的有榛子、小叶朴和胡桃，这一考古发现证实7 000多年前这一带就有榛子和核桃种植。

磁山文化遗址

2. 核桃的营养价值

　　核桃仁含约4%的水分、15%蛋白质、65%脂肪、14%碳水化合物（包括7%膳食纤维），营养丰富，此外富含B族维生素、锰等微量元素。核桃中油脂含量很高，但不含胆固醇。每100克核桃仁可以提供654千卡（1千卡≈4.185千焦）的能量，也就是说吃100克核桃相当于200克米饭。核桃油中的不饱和脂肪酸含量超过90%，主要为油酸、亚油酸和亚麻酸，其中多不饱和脂肪酸约占72%。饱和脂肪酸含量仅为8%左右，主要为棕榈酸和硬脂酸。因此核桃仁被誉为"脑黄金""益智果"。核桃中的蛋白也具有重要的营养价值，核桃仁蛋白由18种氨基酸组成，包含了8种人体必需氨基酸，氨基酸种类齐全且含量合理，适合人体吸收。

（1）益智果

　　核桃之所以称为"益智果"主要是由于其具有丰富的亚油酸和亚麻酸等不饱和脂肪酸，这类脂肪酸是大脑组织细胞的主要结构脂肪酸，也就是是脑细胞组成的物质基础。大脑需要源源不断的新鲜血液来保证高速运转，而亚油酸和亚麻酸还具有净化血液、清除脑血管壁内中的杂质、提高脑细胞的血液供应量，保证脑细胞所需充足的养料和氧气，提高大脑的生理功能的作用。此外，核桃中的锌元素，是组成脑垂体的关键成分之一；脑磷脂、卵磷脂是神经细胞新陈代谢的基本物质，可以提高脑神经的生理功能，增强神经细胞活力，增强记忆力。核桃蛋白中还含有较高的谷氨酸，可以促进γ-氨基丁酸的合成，从而有降低人体血液的血氨，促进脑细胞呼吸的作用。

(2) 抗氧化

想要青春常驻，就要抗氧化、抗衰老，常吃核桃益处多多。核桃中含有高浓度的具有抗氧化功能的酚类等化合物，可以阻止或降低人体代谢产生的、引起衰老的元凶——自由基，从而防止正常细胞被破坏。研究者对1 113种不同的食物进行测试发现，核桃的抗氧化性仅次于黑莓。核桃中还含有生育酚（维生素E成分之一）等物质，也具有很好的抗氧化作用。

(3) 降血脂

核桃仁中含有大量的脂肪，但所含脂肪中九成以上属于不饱和脂肪酸，如油酸、亚油酸、亚麻酸等，且不含胆固醇，这些不饱和脂肪酸在血管中不会沉降，可以清除血管内壁中的新陈代谢杂质、减少炎症、改良动脉。美国加州大学的研究表明，核桃中的功能成分可降低人体血管内皮素活性，增强血管内皮层细胞的生理功能，从而减少血小板凝聚及血管炎症等病变。核桃中所含的ω-3脂肪酸，对预防冠心病、高血压、心血管疾病有显著疗效，有"动脉清道夫"的美誉。

(4) 降血糖

核桃对患有Ⅱ型糖尿病的病人有一定的保护作用，这同样与核桃的脂肪酸构成有很大关系。Ⅱ型糖尿病人患者每天食用少量的核桃可以帮助其完成不饱和脂肪酸的获取，这是由于核桃脂肪中脂肪酸的类型及比例均衡适宜，有助于早期阶段的胰岛素抵抗问题，保证Ⅱ型糖尿病人对必需营养素的获取。

(5) 预防癌症

核桃中含有一种天然特殊高活性物质——褪黑激素，它是一种吲哚类激素，研究认为，褪黑激素能减少癌症发生，消除对肿瘤生长的刺激作用，对多种肿瘤有较好的抑制作用，例如乳腺癌、膀胱癌、纤维瘤、前列腺癌等。褪黑激素除了能预防或抑制癌症的发生及发展外，还能延缓人体衰老，延缓与年龄有关的神经内分泌等疾病，例如帕金森症、阿兹海默症等。核桃中的生育酚即维生素E也能预防癌症，核桃中生育酚物质可以阻止前列腺及肺部癌细胞的生长。

(6) 其他功能

①核桃中含有多种维生素，维生素E和维生素A含量最高，保护细胞膜的功能稳定性，抑制细胞膜中不饱和脂肪酸形成过氧化脂质；促进机体合成糖蛋白及生长发育；保护视神经；增强免疫力，维护免疫系统功能等。

②核桃中含有丰富的磷脂，主要由卵磷脂和脑磷脂组成，可以增强细胞活力，促进骨髓造血，加强脑神经的功能，增强机体抗病能力，所以人们也把核桃称为"长寿果"。

③多元不饱和脂肪酸对骨代谢具有保护作用，可促进骨的形成。

④核桃中精氨酸含量较高，故而有强肾助肝的功效。

3. 核桃的分类

核桃品种繁多，在中国有7属28种，现在基本可以确定原产于我国的有

常见的核桃

4个种，胡桃楸、野核桃、铁核桃和河北核桃。如果按产地分类，我国常见的有陈仓核桃、阳平核桃，和田核桃；按成熟期分类，有夏核桃、秋核桃；按果壳光滑程度分类，有光核桃、麻核桃；按果壳厚度分类，有薄壳核桃和厚壳核桃。各大产区还有许多优良的核桃品种，如河北的"石门核桃"，其特点为纹细、皮薄、口味香甜，出仁率在50%左右，出油率高达75%，故有"石门核桃举世珍"之誉。

4. 核桃的选购方法

核桃的选购方法
扫一扫，了解更多吃的科学

整体而言，挑选核桃主要在于挑选仁品质好的。

从外观上看，优级品个头较大、纹路均匀、形状圆整，皮的厚度取决于产地。新疆纸皮核桃皮较薄，而山西、云南等地核桃外壳较厚。取仁观察，出仁率高，仁衣完整洁净、无霉点或霉斑，干燥、不粘手为宜。而仁衣泛油者为次，仁衣和子粒黑褐、有哈喇味是已经严重变质的，不能食用。桃仁片张大、含油量高、饱满，去仁衣后果仁为均一的白色为优，干瘪、发乌、发黄为次。但现在有不法商家为了使核桃外形美观，迎合消费者对外观的喜好，用漂白剂处理核桃表皮，残留的化学药品对食用核桃的安全性有不利影响，购买时要仔细辨别，要仔细观察和判断。

如何判断，嗅闻就是鉴别核桃好坏的一个最简单的方法，首先通过嗅闻判断有没有刺鼻异味，除了闻是否有化学味，还要嗅闻是否有哈喇味，如果有哈喇味，会很明显，敲开果壳，哈喇味会更严重。

把核桃放在手里掂掂重量，如果轻飘飘、没有分量的，多数为干瘪果、空果、坏果。再来个绝招，听声音。优质的核桃互相碰撞声音较沉闷，而空果声音清脆，把核桃从1米高左右扔在水泥地面上，空果会发出象破乒乓球一样的声音。当然受潮霉变果分量会变重，声音也会和优质果差别不大，这需要结合观察和嗅闻来区别。

5. 核桃的储藏方法

(1) 鲜核桃的储存

储存初期，鲜核桃和干核桃的蛋白质含量相差不远，但是在贮藏一段时间以后则会出现较大的差异。鲜核桃的氨基酸含量、必需氨基酸含量及其他氨基酸的含量都高于干核桃，所以说干核桃经过高温、光照、通风等因素影响，极大地加速了氨基酸的损失。此外，核桃油脂中的不饱和脂肪酸含量高，在采后贮藏中容易发生酸败，严重时会出现哈喇味，产生有害物质，降低了核桃的营养价值及商品价值。

(2) 干核桃的储存

带壳核桃自然氧化速度比较缓慢，如果没有虫蛀、裂纹等外部损伤，在干燥处保存较好，可保存1年左右。同时，贮藏受温度、湿度影响很大，在温度高于30℃，湿度大于70%时，核桃极易发生腐败变质，湿度大于75%时真菌大量繁殖，可能产生致病毒素。

目前，我国批量生产的核桃干制后一般选择常温贮藏。将晾干的核桃装入布袋麻袋或包装箱置于室内，底部用木

腐败变质的核桃

板或砖石支垫，离开地面一定的高度，一般可在30~40厘米，同时贮藏环境必须保持阴凉（温度低于25℃）、干燥、通风，还要注意防鼠、防虫，一般可以保证半年内品质基本不变。常温贮藏只适合短期保存，要做到长期贮藏，应具备低温条件。家庭储藏可以密封置于-3~0℃冰箱冻藏，工业生产中需要大量贮藏时，可置于0~5℃恒温冷库中贮藏，核桃仁的保质期可达2年之久。

（二） 榛子

1. 认识榛子

榛树，是桦木科榛属植物，又称山板栗、尖栗、槌子等，是一种原产于南欧和土耳其的小落叶灌木树种。在世界范围内，榛属有大约20个品种，分布于亚洲、欧洲及北美洲；在我国境内有8个种类2个变种，分布于东北、华东、华北、西北及西南地区。榛树的价值高不仅因其结有美味的榛子，它还有果材兼用的优点，因而受到树农广泛青睐。

榛子，是榛树的果实，有坚硬的外壳，形状与栗子有些类似，但比栗子小，也硬得多，果仁被棕色的薄皮包裹，更像橡子，仁肉白色或者乳白色，呈较为饱满的球形，有浓郁的香气，含油脂量很大，吃起来非常鲜美，余味绵绵，因此成为最受人们欢迎的坚果类食品之一，有"坚果之王"的称呼，与扁桃、核桃、腰果并称为"四大坚果"。榛子生长时是什么样呢？未成熟前，榛果被包裹在簇中，大致为球形或椭圆形，约1.5~2厘米长和1.2~2厘米宽，它们通常从授粉后7~8月左右的蒴果中脱落。

生长中的榛子　　　　　　　　　　　可以食用的成熟榛子

2. 榛子的营养价值

中医认为：榛子可补脾胃、益气力、明目，并对夜尿多、消渴等肺肾不足者颇有帮助。榛子的营养价值很高，其成分主要集中在榛子壳及榛子种仁里。榛壳含有大量棕色素，它是一种极佳的符合绿色食品需求的天然色素，同时它还是一种生物质原料，在能源与环保领域有一定的研究价值，此外，粉粹后的榛子壳还是很好的有机肥原料。

榛仁除脂肪、糖类、蛋白质丰富外，还含有生育酚、维生素A、维生素B族维生素（维生素B_1、维生素B_2、维生素B_6、烟酸、叶酸）、维生素C，还有天冬氨酸、精氨酸、谷氨酸、亮氨酸，以及钾、钙、钠、镁、铁、铜、锌、锰等多种矿物质，膳食纤维含量也十分丰富。以欧洲榛为例，欧洲榛仁中含脂肪60.75%、蛋白质14.95%、碳水化合物16.7%、膳食纤维25.5%，每100克榛仁中含有628卡路里[①]能量。其中，榛子富含的天冬氨酸和精氨酸可增强精氨酸酶活性，排除血液中的氨，从而增强免疫力。另外还鉴别出多种有机酸和多种糖。其中苹果酸、精氨酸和蔗糖在榛子的口感和风味特色中起了很重要的作用。榛子中包含一种抗癌化学成分——紫杉醇，是红豆衫醇的成分，是一种可用于治疗乳腺癌、卵巢癌等的宝贵医用原料。下面详细讲讲榛子中的营养成分：

①　卡路里为非法定计量单位。1卡路里 ≈ 4.186焦耳。——编者注

(1) 富含健康的脂肪

榛子虽富含油脂，其中有较多单不饱和脂肪（占总脂肪含量的79%），并有较低比例的饱和脂肪（4%的总脂肪）。有助于降低血管中的坏胆固醇，预防冠状动脉疾病，有助于降血压、降血脂、保护视力、延缓衰老。此外，榛子中丰富的油脂也可以帮助溶解其中的脂溶性维生素，从而更好地被人体吸收，是体弱、易饥饿、病后体虚人群的上佳选择。相对于低脂饮食，每天食用含40克榛子的饮食为宜，这样能够增加"好的"胆固醇（高密度脂蛋白），从而改善血脂。低密度脂蛋白的氧化会造成动脉血管阻塞，有研究发现，适量摄入榛子可以减少"坏"的胆固醇（低密度脂蛋白）的氧化。

榛油产品

(2) 有助于保持心脏健康和良好的消化功能

每30克榛子中含有的膳食纤维可以达到人体每天建议摄入量的10%。高纤饮食有益于心脏和消化系统健康，有助于控制血糖水平。吃更多的纤维也有助于控制体重，增加饱腹感。此外，榛子含有较高含量的维生素E，每30克榛子中含有的维生素E可以达到每天建议摄入量的45%。维生素E是一种重要的脂溶性维生素和抗氧化剂，可以帮助降低心脏病风险。

(3) 预防癌症

榛子等坚果是特别丰富的抗氧化剂来源，榛仁皮中含有的抗氧化物质比果仁要高，诸如酚酸和黄酮等植物性营养素有助于预防像癌症这样的慢性病。

(4) 确保正常的身体机能

榛子中含有一定量的铜和锰，这些微量元素虽然在机体中含量少，但在健康方面也起着重要的作用。铜是体内几种不同酶的组成部分，有助于机体利用铁，对神经功能的正常发挥很重要。锰参与骨的形成和碳水化合物代谢，还可以充当抗氧化剂，保护细胞膜免受自由基的伤害。

(5) 对胎儿健康有益

30克榛子中含有的叶酸可以达到每天建议摄入量的17%。叶酸对细胞的分裂生长及核酸、氨基酸、蛋白质的合成起着重要的作用。人体缺少叶酸可导致红血球的异常，未成熟细胞的增加，贫血以及白血球减少。叶酸是胎儿生长发育不可缺少的营养素。孕妇缺乏叶酸有可能导致胎儿出生时出现低体重、唇腭裂、心脏缺陷等。

3. 榛子的分类

在市面上，大家可以见到大、小两种榛子。为什么会出现大小相差这么大的两种榛子呢，简而言之，小榛子是本土榛，大榛子则多是欧洲榛。

(1) 本土榛

我国北方多数山上都有榛子，其中毛榛（*Corylus mandshurica*）和平榛（*Corylus heterophylla*）是榛子家族的主力成员，树如其名，毛榛的叶片就像小手掌，上下都是毛茸茸的，采摘时不戴手套或没有防护措施会被毛刺扎手；而平榛的叶子就像被快刀一下切去了前端。这两种植物的果实就是我们熟悉的本土榛子，也是我国最早被食用的榛子。

我国祖先食用榛子的历史非常悠久，在距今六七千年前，河北邯郸地区磁山和陕西半坡地区的人们就已经在收集榛子了，考古人员在当地的遗址中（磁山文化和半坡遗址）发现了榛子和榛子壳。可以说，从那时起，榛子就出现在华夏餐桌上了。在清代，皇家甚至在辽东开辟了"御榛园"，专门为皇室提供高质量的榛子。但是，榛子一直都是较为小众的坚果，其实这是平榛和毛榛的自身属性决定的。本土榛子的最大缺点是果小、壳厚、产量低。即便好养活，耐寒耐旱，在广袤东北的大小兴安岭、张广才岭、完达山、长白山等山地中有广泛的分布，但是，结出的果子确实比欧洲榛子的风味和大小都差了一些。

毛榛

平榛

(2) 欧洲榛

虽然我国祖先很早就开始收集榛子了，但目前的证据表明欧洲的先民更早就知道享用榛子这种美味。早前在苏格兰的一个小岛上，发现了大量的埋藏的榛子壳，这些果壳的年龄已经有9 000多岁了。欧洲不仅吃榛子的历史悠久，而且也有着多种多样的榛子甜品或佳肴。不过，这些榛子菜品中用的可不是我们本土原生的平榛和毛榛，而是欧洲榛（*Corylus avellana*）。欧洲榛子不仅植株高大（5～10米，可以长成大树），果子也大，特点是皮薄，个大，仁儿满。在如今的西餐当中，榛子仍然是重要的原料，在禽类、鱼类的搭配酱料中，榛子都是标准的配料。欧洲、土耳其、意大利和西班牙是榛子的主要产区；而在美国，几乎所有的榛子都是俄勒冈出产的。

与平榛相比，欧洲榛子更明显的优势还是表现在果子上。欧洲榛子的果皮很薄，只有0.7～1.3毫米，即便是牙齿不太好的人也能对付得了，相对平榛动辄两三毫米的外壳来说，这就不是一般人能用牙齿嗑开的了。而且，欧洲榛子的果仁更好吃，还很少会有空心的果实。

不过欧洲榛子也有自己的短板，我们本土平榛种仁具有特有的甜味儿，这是欧洲榛子不具备的特性，如果更在意榛子的美味，还是首选我们本土榛子。另外，在榛子生长方面，欧洲榛通常喜欢湿润温暖的冬季和干燥的夏季，欧洲榛子不耐低温，在平榛觉得舒适的地方，完全没有欧洲榛落脚的地儿，所以在我国大部分地区，欧洲榛子很难扎根。

本土榛

欧洲榛

4. 榛子的选购方法

榛子以个大圆整、壳薄白净、出仁率高、表皮干燥、仁色白净、含油量高者为佳。优质榛子的成仁率一般要求在90%以上。抓一把然后掂量一下，沉的榛子皮薄仁多并饱满，为优品。如何购买？建议如下：

①如果榛子皮较厚、个头较小，不宜嗑开，需借助工具嗑开，出仁率为60%～75%，榛子仁小且是毛仁（即带木质毛绒，不易消化且口感不好），多为半仁，仁仅微香，这类榛子不值得购买。

②如果榛子皮较薄、个头较大，宜嗑开，仁为光滑的光仁，无木质毛绒，出仁率90%～95%，榛子仁大，仁香，这类榛子值得购买。

品质优良的榛子

③如果榛子皮很薄、个头较大，用手一拍即开，出仁率为95%～99%，榛子仁大饱满、仁为光滑的光仁，无木质毛绒，仁香酥脆，此为优品。

④如果榛子皮很薄、且每个榛子都有裂缝，个头大，用手沿裂缝掰一下即开，出仁率为95%～99%，榛子仁大饱满、仁为光滑的光仁，无木质毛绒，仁香酥脆，此为上品。

除了从榛子的出仁率鉴别质量，还应观察榛仁的仁衣、仁肉。仁衣色泽以黄白为上，暗黄为次；褐黄更次，带深褐斑纹的榛仁仁衣质量也不好，仁衣泛油则是变质的标志。仁肉白净新鲜为上，子仁全部泛油、粘手，呈黑褐色，则表明榛仁已经严重变质，不能食用了。另外，坚果类产品如果出现哈喇味，说明脂肪已经氧化变质，切不可购买。

5. 榛子的储藏方法

榛子贮藏要求在低温、低氧、干燥、避光条件下保存，适宜气温为15℃以下，相对湿度60%以下，暗光，否则会因脂肪氧化劣变，产生"哈喇味"不能食用。

想要长期保存榛子，具体的方法是将榛子放在密封、干燥的容器中. 否则容易发霉或者出现异味。此外，保存榛子时还应当避免阳光照射，发现有虫眼或者变质的，应当立刻拣出来，以免污染其他榛子。一般来说，将坚果放在密闭容器中，可以在冰箱中冷藏保存4个月，吃之前把坚果放至室温即可。

（三）杏仁

1．认识杏仁

杏仁（*Apricot Kernel*），是蔷薇科杏的种子，分为甜杏仁和苦杏仁，有别于扁桃仁（俗称"美国大杏仁"，Almond）。杏仁是生长在暖温带植物的果实，杏树性喜温暖、阳光充足的气候环境，所以一般杏仁树大部分是种植在向阳可以沐浴阳光的地方。

在中国除广东、海南等热带地区外，全国各地均有杏树，野杏主产于中国北部地区，尤其在河北、山西、新疆伊犁一带普遍野生，山东、江苏等地也有出产。山杏生于海拔700~2 000米的干燥向阳、丘陵、草原。东北杏生于海拔400~1 000米的开阔的向阳山坡灌木林或杂木林下。但仁用杏多系栽培，主要分布于河北、辽宁、甘肃等省及东北、华北等地。

杏仁

带壳杏仁

2．杏仁的分类

　　我国南方产的杏仁属于甜杏仁（又名南杏仁），味道微甜、细腻，多用于食用，还可作为原料加入蛋糕、曲奇和菜肴中，具有润肺、止咳、滑肠等功效，对干咳无痰、肺虚久咳等症有一定的缓解作用；北方产的杏仁则属于苦杏仁（又名北杏仁），带苦味，多作药用。甜杏仁和苦杏仁在外观和营养价值上相差无几，但滋味上差别很大。

3．杏仁的营养价值

　　杏仁的营养价值很高。每100克杏仁中含蛋白质24.7克，并含18种氨基酸。脂肪44.8克，其中亚油酸占15%～20%。每百克杏仁中含钙111毫克，磷385毫克，铁70毫克，还含丰富的锌、铜、硒等微量元素及膳食纤维，以及维生素B_2、维生素E等，还含有一定量的胡萝卜素，抗坏血酸及苦杏仁苷等。杏仁含有丰富的单不饱和脂肪酸和维生素E等抗氧化物质，有益于心脏健康，减缓衰老。

　　苦杏仁和甜杏仁的营养成分略有差别（表1）。除蛋白质、纤维和灰分并无明显的差异外，苦杏仁总糖（以葡萄糖计）和苦杏仁苷的含量远高于甜杏仁，而甜杏仁的油脂含量显著高于甜杏仁。苦杏仁的苦味可能与苦杏仁苷的存在有关，而其较高的糖含量可能是由于苦杏仁苷的水解引起的。

表1　苦杏仁和甜杏仁的营养成分（%）

	苦杏仁	甜杏仁
油脂	43.4±2.6	54.3±1.8
蛋白质	26.1±1.4	25.4±1.9
糖	14.3±2.0	6.5±1.1
纤维	13.0±1.7	12.5±2.8

续表

	苦杏仁	甜杏仁
灰分	2.4±0.2	2.6±0.2
苦杏仁苷	5.1±0.6	ND

数据来源：Femenia et al. (1995)；ND：未检出

　　甜杏仁是一种健康食品，适量食用不仅可以有效控制人体内胆固醇的含量，还能显著降低心脏病和多种慢性病的发病危险。素食者食用甜杏仁可以及时补充蛋白质、微量元素和维生素，例如铁、锌及维生素E。甜杏仁中所含的脂肪是健康诉求所必需的，是一种对心脏有益的高不饱和脂肪。研究发现，每天吃50~100克杏仁（大约40~80粒杏仁），体重不会增加。甜杏仁中不仅蛋白质含量高，其中的大量纤维可以让人减少饥饿感，这就对保持体重有益。纤维有益肠道组织并且可降低肠癌发病率、胆固醇含量和心脏病的危险。所以，肥胖者选择甜杏仁作为零食，可以达到控制体重的效果。最近的科学研究还表明，甜杏仁能促进皮肤微循环，使皮肤红润光泽，具有美容的功效。杏仁还含有丰富的黄酮类和多酚类成分，这种成分不但能够降低人体内胆固醇的含量，还能显著降低心脏病和很多慢性病的发病危险。

　　中药典籍《本草纲目》中列举了杏仁的三大功效：润肺，清积食，散滞。清积食是说杏仁可以帮助消化、缓解便秘症状；《现代实用中药》记载："杏仁内服具有轻泻作用，并有滋补之效。"对于年老体弱的慢性便秘者来说，服用杏仁效果更佳。

　　杏仁（尤其是苦杏仁）有以下滋补入药的作用：

　　①苦杏仁苷水解产生的氢氰酸对大脑的中枢产生抑制的作用，因此可止咳平喘，润肠通便，可治疗肺病、咳嗽等疾病。动物实验结果表明，苦杏仁苷有镇痛作用，且无耐受性，可作为镇痛消炎的药物。但氢氰酸本身

有毒性，切不可多食。

②日常吃的甜杏仁则偏于滋润，有一定的补肺作用。

③杏仁还含有丰富的黄酮类和多酚类成分，这种成分不但能够降低人体内胆固醇的含量，还可显著降低心脏病和很多慢性病的发病危险。

④杏仁还有美容功效，能促进皮肤微循环，使皮肤红润光泽。杏仁在古代即被人们用来治疗许多疾病，其中不少是与美容有关的，如杏仁可治身面疣、头面风等。经现代营养成分分析，每100克杏仁中含蛋白质24.7克，并含18种氨基酸。脂肪44.8克，其中亚油酸占15%～20%。还含丰富的维生素B_2、维生素C、维生素E等，又含丰富的锌、铜、硒等微量元素及膳食纤维。杏仁中这些成分都是美容润肤所需要的营养成分，能防止皮肤老化，防止色素及蝴蝶斑的形成，特别是硒和锌，能促进皮肤活性，保持青春，延缓皮肤衰老。胡萝卜素、维生素B_1、维生素B_2、维生素C、维生素E及亚油酸等能生精益气、养肝明目、润泽皮肤。杏仁还可通利血脉，促进皮下毛细血管的血液循环，增进皮肤的营养，延缓皮肤过早衰老。因此，杏仁有润泽肌肤、丽颜美容的效果。

⑤杏仁还有抗肿瘤作用，其作用效果主要是来源于苦杏仁苷，有益于癌症患者的健康，延长病人生存期。同时，由于杏仁含有丰富的胡萝卜素，可以抗氧化，防止自由基侵袭细胞，具有预防肿瘤的作用。甜杏仁的苦杏仁苷含量很低，因此其药用价值远不如苦杏仁，但苦杏仁苷水解会产生氢氰酸，有一定毒性因此苦杏仁不宜日常食用。

4. 杏仁的选购方法

选购优质的杏仁时，首先，要看杏仁的大小。要挑选颗粒比较大的，整体看上去又比较均匀饱满的。然后，要看杏仁的形状，杏仁的形状一般都是鸡心的形状，又有些扁圆；其次看杏仁的颜色，杏仁的颜色是鲜艳有光泽的。接着，要摸干燥的杏仁，在摸杏仁的时候，要感受到杏仁的尖部有点扎手；最后，要听，在咬下杏仁时候有松脆的声音。

消费者选购时需细心观察以避免购买到劣质的杏仁。如果杏仁的表面有小洞，说明杏仁被虫蛀；而发霉或者长了霉菌受污染，杏仁的表面会有白花斑。如果看到杏仁的颜色发暗或呈深褐色，外形干瘪，紧缩的，甚至有哈喇味，说明此杏仁是陈旧或是存放时间较长了的，尽量不要购买。

购买杏仁一定注意，可不要买成扁桃仁哦，因为大家耳熟能详的"美国大杏仁"并不是真正的杏仁，如何慧眼识真？本书随后即将为您揭开谜底。

5．杏仁的储藏方法

由于杏仁的不饱和脂肪含量比较高，极易氧化哈败，因此开封了的杏仁应置于不透风的储物罐中，最佳食用期为3个月。潮湿的环境易引发霉变，宜将杏仁保存在干燥、凉爽的环境中。另外，冷藏可以显著延长保质期。不过在冷藏时一定要注意密实封装，以防杏仁因为受潮或结冰而引起霉变。

另外，熟制的坚果果仁在贮存过程中容易发生脂肪酸的酸败问题，而使产品失去商品价值。因此，厂家一般都要采取一些措施控制坚果的酸败变质问题。化学抗氧化剂的应用十分普遍，而按国家食品安全标准要求使用的抗氧化剂是安全的，消费者可放心购买。但是，但有些厂家使用化学添加物不当的行为也时有发生，这对消费者的健康构成潜在的危害。因此，消费者购买时要仔细了解产品信息，同时，也要依靠监管部门的认真监管。因此，在选择商品上尽量选择一些大厂家、品牌知名度高和信誉好的厂家生产的产品。

（四）腰果

1. 认识腰果

　　腰果又名槚如树、鸡腰果、介寿果，因其果形呈肾形而得名。腰果树是常绿乔木，树干直立，高达14米，但较矮的腰果树（不足6米）成熟更早，腰果的产量也更高。腰果原产于美洲、巴西东北部、南纬10°以内的地区。16世纪引入亚洲和非洲，现已遍及东非和南亚各国。世界上腰果种植面积较大的国家有印度、巴西、越南、莫桑比克、坦桑尼亚。在中国，腰果主要分布在海南和云南，广西、广东、福建、台湾也均有引种。腰果树的适应性极强，是喜温、强阳性树种。耐干旱贫瘠，但不耐寒，在生长期内要求较高的温度（月平均气温23~30℃）。

　　腰果在树上结果的形态憨态可掬，十分可爱。它的食用部分是着生在黄色假果顶端的部分，长约25毫米，颜色由青灰色至黄褐色，果壳坚硬，里面包着种仁。腰果的果实成熟时，香飘四溢，味道甘甜，清脆可口，具有丰富的营养价值，可熟制吃仁、可炒菜、也可作药用，为世界著名"四大干果"之一。腰果含有较高的热量，其热量来源主要是脂肪，其次是碳水化合物和蛋白质。

　　腰果仁除了直接食用，还多用作高端食品配料，如制造腰果仁巧克力和点心、糕点，还可制成上等的蜜饯及油炸和盐渍干果、各式罐头，食法多样，风味胜过花生。腰果一身是宝，其副产品果壳油是重要的工业用油，

长在树上的腰果

已加工好的腰果

还是制作高级油漆、防锈耐高温的彩色胶片染色剂、合成树脂等的重要原料。此外，果壳渣是很好的有机肥料，适于种茶、甘蔗等。

2. 腰果的营养价值

腰果主要由四部分组成，分别为腰果梨（假果）、腰果壳、腰果仁和腰果皮。腰果仁是一种营养丰富，味道香甜的干果，即可当零食食用，又可制成美味佳肴。其营养成分如表2所示。

表2　腰果的营养成分

营养素	含量 （每100克）	营养素 （维生素）	含量 （每100克）	营养素 （矿物质）	含量 （每100克）
水	5.2克				
		维生素A	2毫克	钙	37毫克
碳水化合物	30.19克	硫铵素（B_1）	0.423毫克	铜	2.2毫克
淀粉	0.74克	核黄素（B_2）	0.058毫克	铁	6.68毫克
糖	5.91克	烟酸（B_3）	1.062毫克	镁	292毫克
膳食纤维	3.3克	泛酸（B_5）	0.86毫克	锰	1.66毫克
脂肪	43.85克	维生素B_6	0.417毫克	磷	593毫克
饱和脂肪	7.78克	叶酸（B_9）	25微克	钾	660毫克

续表

营养素	含量 (每100克)	营养素 (维生素)	含量 (每100克)	营养素 (矿物质)	含量 (每100克)
不饱和脂肪	23.79克	维生素B$_{12}$	0微克	硒	19.9微克
多不饱和脂肪	7.84克	维生素C	0.5毫克	钠	12毫克
蛋白质	18.22克	维生素D	0微克	锌	5.78毫克
		维生素E	0.9毫克		
		维生素K	34.1微克		

注：1千卡≈4.186千焦
数据来源：USDA database

中医学认为腰果味甘，性平，无毒。可治咳逆、心烦、口渴。《本草拾遗》描述：腰果仁主渴、润肺、去烦、除痰。《海药本草》也指出，腰果"主烦躁、心闷、痰鬲、伤寒清涕、咳逆上气"。

现代医学研究表明，腰果具有许多重要的医药保健作用。腰果中的脂肪成分主要是不饱和脂肪酸，有很好的软化血管作用，对保护血管、防治心血管疾病大有益处。腰果中含有丰富的油脂，可以润肠通便并且具有很好的润肤功效，能延缓衰老。腰果仁榨出的油中甘油酸的含量高达73.6%，是上等的食用油。腰果油的脂肪酸主要是不饱和脂肪酸，如亚油酸、亚麻酸、油酸等，且含有一些微量元素、类黄酮、维生素E和铁。多食腰果可以帮助人们塑造强健的体魄、提高机体的抗病能力。

腰果蛋白质中氨基酸种类丰富，富含18种氨基酸，尤其是精氨酸、谷氨酸和天冬氨酸，是较为优质的植物蛋白来源。腰果所含的蛋白质是一般谷类作物的两倍之多，并且所含氨基酸的种类与谷物中氨基酸的种类互补，作为主食的配餐，是非常合理的健康搭配。

腰果中维生素B$_1$的含量仅次于芝麻和花生，有补充体力、消除疲劳的效果，适合易疲倦的人食用；其富含的维生素A，是优良的抗氧化剂，能使皮肤有光泽、气色变好。

腰果的假果外貌肥美，它们可以吃吗？答案是肯定的。腰果梨，是一种柔软脆嫩、汁液丰沛、甜酸适口的清凉果品，富含各种维生素和矿物质。从腰果梨汁中分离出的三种腰果酸，具有抗癌活性和抗菌作用。新鲜的腰果梨汁有防治胃病、咽喉炎、高血压、慢性痢疾等保健作用。

带假果的腰果

3. 腰果的选购方法

如何挑选优质的腰果呢？消费者在挑选腰果时应该注意以下几点：

腰果的选购方法
扫一扫，了解更多吃的科学

①首先，一定要挑选外观呈现完整月牙形或肾形的。

②从色泽上看，好腰果颜色米白，有较香的气味。但如果颜色过于白皙者，可能为漂白，切勿选购。

③好的腰果看起来就很饱满、无蛀虫、无斑点，油脂丰富。

④当用手拿腰果的时候出现粘手的现象，有可能是产品受潮了，或者本身的鲜度不够。

⑤在挑选腰果的时候，一定要注意是否有霉变的情况。对于熟制品一定要仔细辨别果仁表皮上是否有霉斑，也可以尝一尝，如果有发

腰果的优劣对比

苦等霉味现象，一定不要买。

⑥对于密封包装的腰果，辨认起来比较容易，首先要看外包装上的厂名、厂址、生产日期、保质期等标识是否完备，再者就是尽量选择知名品牌。

另外，从加工工艺来讲，优质腰果只须烘焙成熟即可食用，加工过程中加入少量食盐来调节口味，除此之外，不需再添加任何其他的成分。但对于那些品质不太好、表面有黑斑的腰果来说，仅仅烘焙一下的话，黑斑会比较明显，出售会非常困难，因此，这样的腰果往往采用油炸方式来处理，这有助于除掉果仁表面的黑斑，这样的腰果，虽然很香，但油脂含量高，过多食用起来对健康有害无益。因此，最好不要食用油炸的包装腰果。

4. 腰果的储藏方法

储藏腰果时，需要注意的是，未拆封食用过的腰果应置于干燥，阴凉和避免阳光直射的地方保存，拆封食用过的腰果应置于冰箱冷藏，并且尽快食用，避免发霉变质。腰果如果放在湿度大的地方容易受潮，受潮就容易发霉变质，因此要置于干燥地，如果置于阳光暴晒的地方也容易发生裂开和油脂氧化变质，所以放置腰果还要避免阳光直射。

（五）松子

1. 认识松子

松子是由松树生产的大粒种。主要生产食用松子的松树有5种：西伯利亚红松（*Pinus sibirica*）、红松（*P.koraiensis*）、意大利石松（*P.pinea*）、喜马拉雅白皮松（*P.gerardiana*）和果松，包括单叶果松（*P.monophylla*）和克罗拉多果松（*P.edulis*），主要分布于欧亚和美洲大陆，在我国主要生长于东北的长白山山脉及小兴安岭林区。

2．松子的营养价值

松子含有丰富的营养成分。松子富含不饱和脂肪酸，包括油酸、亚油酸、亚麻酸等。松子中还富含多种人体必需营养元素和丰富的维生素，包括维生素E、类胡萝卜素和矿物质镁、铁、锌、磷、锰等。松子中的热量、营养素、维生素、矿物质等含量如表3所示。

表3　松子的营养成分含量

	松子（生）（每100克）	松子（炒）（每100克）		松子（生）（每100克）	松子（炒）（每100克）
热量（千卡）	640	619	维生素E（毫克）	34.48	25.2
蛋白质（克）	12.6	14.1	钠（毫克）	—	3
脂肪（克）	62.6	58.5	钾（毫克）	184	612
碳水化合物（克）	6.6	9	镁（毫克）	567	186
膳食纤维（克）	12.4	12.4	钙（毫克）	3	161
维生素A（微克）	7	5	铁（毫克）	5.9	5.2
视黄醇当量（微克）	3	3.6	铜（毫克）	2.68	1.21
胡萝卜素（微克）	2.8	2.4	锌（毫克）	9.02	5.49
硫胺素（毫克）	0.41	—	硒（微克）	0.63	0.62
核黄素（毫克）	0.09	0.11	锰（毫克）	10.35	7.4
烟酸（毫克）	3.8	3.8	磷（毫克）	620	227

松子具有独特的营养保健功能，中医学认为，松子味甘、性微温，具有养血、补肾、益气、润肺止咳、润肠通便等作用，适用于病后体弱、羸瘦少气、燥咳痰少、皮肤干燥、头晕目花、口渴便秘、盗汗、心悸等症状。《本经逢原》记载，松子"甘润益肺、清心止咳、润肠、兼柏仁、麻仁之功、温中益阻之效、心肺燥痰，干咳之良药也"。《日华子本草》载"松仁，补不足、润皮肤、肥五脏"。因此，松子既有补益之功，也有抗衰老之效，有"长生果"的美誉。从松子含有的营养成分看有如下特点：

(1) 氨基酸含量丰富

松子含有18种氨基酸，健脑益智的谷氨酸和强肾助肝的精氨酸含量较高，8种人体的必需氨基酸含量比例合理，非常接近国际卫生组织和联合国粮农组织规定的人体必需氨基酸模式。这些氨基酸对促进蛋白质合成、抗衰老、抗缺氧、抗辐射、增强体力、提高耐力、消除疲劳、增加人体免疫功能等都有一定的促进作用。

(2) 含有丰富的油脂

脂肪、棕榈碱、挥发油等可维护肌肤弹性，润泽皮肤，改善肌肤老化，减少皱纹，还可润滑大肠，改善便秘，通便而不伤正气。

松子的油脂中单不饱和脂肪酸和多不饱和脂肪酸丰富，如亚油酸、亚麻油酸，可降低人体内甘油三酯、胆固醇和血脂含量，软化血管，维持毛细血管的正常状态，减少血小板的凝集，预防动脉粥样硬化和血栓的形成，降低患心血管疾病的风险；此外，还可预防细胞因功能紊乱而导致的癌变，预防膜磷脂氧化损伤导致的细胞膜和线粒体结构异常，维护生物膜在人体代谢中的细胞表面屏障和细胞内外进行物质、能量交换通道作用等一系列生化反应；还可滋润皮肤、增加皮肤弹性，延缓皮肤的衰老。松子油脂中的油酸，是一种优质安全的脂肪酸，容易被人体吸收，又不易氧化沉积于体内，不会引起人体血液中胆固醇浓度的增加，且和多不饱和脂肪酸一样能够减少血液中低密度脂蛋白，但不降低甚至提高血液中高密度脂蛋白，可以有效地预防和治疗冠心病、高血压等心血管疾病。松子油脂中的松三烯酸含量高达18.37%，是ω-3型不饱和脂肪酸，可降低血浆中甘油三酯和低密度脂蛋白。松子油脂中特有的皮诺敛酸，可降低胆固醇、甘油三酯，提高高密度脂蛋白，还可抑制、消除其他不饱和脂肪酸对机体的不利影响，具有较强的降血脂功效。

(3) 富含多种维生素，维生素与脂肪共存，利于人体吸收

B族维生素，可促进脂肪、蛋白质的代谢。类胡萝卜素和维生素E，可抗氧化，减少胆固醇氧化沉淀于血管壁，畅通血液循环，能保护细胞免受自由基的损害，并使细胞内许多很重要的酶保持正常的功能。维生素E还具有促进生育的功能、润肤美容、延缓衰老、增强记忆力。

(4) 富含多种矿物质

其中的钙、铁和磷，能促进能量转换，提供人体丰富的营养成分，具有提高耐力、消除疲劳、强壮筋骨、增强人体免疫功能的作用，可改善老年慢性支气管炎、支气管哮喘、便秘、风湿性关节炎、神经衰弱和头晕眼花。铁，搭配丰富的维生素C可改善缺铁性贫血。锌，有益男性生殖功能，可强健肌肤，改善气血循环，增强免疫力。镁和锰，有益于大脑和神经系统，可维护脑细胞功能和神经功能。硒，能促进淋巴细胞增生、抑制细胞突变，具有预防癌症、调节免疫系统等多种功能。

(5) 富含多种生理活性物质

甾醇、多酚类物质，可竞争性地与自由基结合，清除游离自由基，终

止自由基的链反应，预防或减轻自由基对生物体的损伤，调节免疫活性细胞，增强免疫功能，促进人体新陈代谢，提高人体抗病能力，延缓人体衰老。角鲨烯，有富氧能力，可抗缺氧和抗疲劳，增强人体免疫及促进肠道吸收，防病治病。

总的来说，松子热量高，还含有丰富的氨基酸、不饱和脂肪酸、多种维生素和矿物质，具有排除湿寒、温补身体、增加活力、促进细胞发育、修复损伤的功能，经常食用松子可以起到补充营养、滋补强壮和抗衰老延寿的作用，是儿童、青少年和中老年人补脑健脑的保健佳品。

3．松子的分类

我国市场上的松子主要是红松的种子。红松主要分布于我国东北的长白山脉及小兴安岭林区，属国家一级濒危物种，极为珍贵。红松松子粒大，种仁味美，食用历史悠久，有较高的营养价值，被誉为"长生果""长寿果"。

红松树

红松松塔

我国市场上的松子产品还有一款巴西松子，形状较细长，因而又被称为"象牙松子"，皮薄且软，不如普通松子壳坚硬，其实际为西藏白皮松的松子，产自巴基斯坦、阿富汗和印度，并不是巴西松的种子。巴西松生长于巴西南部，它的种子形状与红松松子相似，但颗粒较大。红松松子、西藏白皮松松子和巴西松种子的形状如下图所示，选购时需要擦亮眼睛哦：

红松松子

巴西松种子

西藏白皮松松子

4. 松子的选购方法

品质较好的松子，颗粒均匀整齐、饱满完整、光泽洁净，具有应有的色泽和香味，色泽均匀，无异味，无可见外来杂质。品质较差的松子可能有以下问题：

①有杂质：分一般杂质和有害杂质。一搬杂质指除松子以外的物质、无食用价值的松子、松子的内外种皮；有害杂质指人或禽畜毛发、生物体

排泄物及一切有毒、有害和有碍食品卫生的物质。

②泛油粒：松子由于加工、保管不当，表面渗油呈半透明状。

③花脸粒：松子由于加工不当，造成颗粒表面出现黄白相间的斑点者。

④病疤粒：松子在生长过程中，受病虫害侵蚀，经加工后松子表面留有明显痕迹者，或加工后子仁被虫蛀蚀留下明显痕迹或留有虫絮、虫体及排泄物者。

⑤污染粒：松子在加工过程中，表面黏附有泥土等不洁物者。

⑥黄尖粒：子仁尖部呈黄色或褐色部分占子仁体积1/8以上者。

⑦破碎粒：松子在加工过程中，由于加工不当，出现明显压扁、压裂或失去本品颗粒体积1/5以上者。

⑧未熟粒：松子颗粒皱瘪萎缩，与正常颗粒有明显差异者。

⑨小粒：松子颗粒体积或质量明显不足正常颗粒1/2的完整颗粒。

若是在正规市场购买预包装松子产品，可以根据产品包装上标注有松子的质量等级进行选择，如特级、一级、二级。质量等级将松子按外观、粒重、杂质、风味等标准进行分级，具体规定如表4所示。

表4　松子质量等级划分

指标	特级	一级	二级
外观	松子均匀整齐；外种皮光泽完整，表面洁净		松子不均匀整齐；外种皮不光泽完整，表明洁净
平均粒重（克）	>0.57	0.42~0.57	<0.42
杂质和破损率（％）	<1	<2	<3
子仁颜色	乳白或白色；其中，淡黄色<5％	乳白或白色；其中，淡黄色5％~15％	乳白或白色；其中，淡黄色>15％
饱满程度	饱满		较饱满
风味	无异味		无异味，较涩
出仁率（％）	>39	34~39	<34
含水率（％）	≤8		

5．松子的储藏方法

由于松子中脂肪含量较高，而且含有大量不饱和脂肪酸，特别容易发生油脂氧化，是坚果中最易发生氧化的一类，保质期较短。松子应尽量密封保存，若松子为密封保存，应置于通风、阴凉避光处贮藏。若松子无密封，应尽量用密封夹或夹子封口，并置于干燥、阴凉避光处贮藏，在储存过程中控制温湿度，在冰箱中冷藏更佳，并应尽快食用。

若松子在储存过程中产生油脂氧化的哈喇味或长霉，可能会生成黄曲毒素，食用后会提高癌症的发病率，千万不可食用。

（六）板栗

1．认识板栗

板栗（*Castanea mollissima* Blume），也称为栗、魁栗、毛栗、凤栗，是壳斗科栗属坚果类植物。板栗树为乔木，现已发现板栗树有100多个不同品种。树皮深灰色，不规则深纵裂。枝条灰褐色，有纵沟，皮上有许多黄灰色的圆形皮孔，幼枝被灰褐色绒毛。

板栗，在国外还被称为"人参果"。不仅可以做休闲食品，还可代粮食，与枣并称为"木本粮食"。我国也是世界上最大的板栗生产国，已有3 000余年的栽培历史，年产量100万吨，产量占世界总产量的1/3，山东、河南、湖北、河北、安徽、浙江、广西等是中国板栗著名的产区。

板栗树

生长中的板栗

成熟的板栗

板栗

很多人没有见过板栗的果皮，通常市面上买到的板栗，外表光滑，其实是已经脱过了外衣。板栗被包裹在数层果壳里，最外层为有密生斗刺的壳，一个板栗果实通常会包含2~3个独立的三角形的扁平小板

55

栗，呈半球形或扁圆形，先端短尖，直径2～3厘米，外表面黄白色，光滑，有时具浅纵沟纹。种仁外覆盖着一层棕色的薄膜，薄膜外是一层坚硬的、不可食用的深褐色外皮，顶端有绒毛。

2. 板栗的营养价值

板栗能量高、营养丰富。不仅含有多种蛋白质和氨基酸，与其他坚果相比，还含有更多的淀粉和糖类。另一个特殊之处是板栗的脂肪含量较低，其中脂肪酸以不饱和脂肪酸为主，还富含多种人体必需营养元素和维生素，包括维生素C和矿物质磷、钙、铁等。

板栗中的热量、营养素、维生素、矿物质等含量如表5所示。

表5　板栗的营养成分

营养素及热量	板栗（鲜）（每100克）	板栗（熟）（每100克）	营养素	板栗（鲜）（每100克）	板栗（熟）（每100克）
热量（千卡）	185	212	维生素E（毫）克	4.56	－
蛋白质（克）	4.2	4.8	钠（毫克）	13.9	－
脂肪（克）	0.7	1.5	钾（毫克）	442	－
碳水化合物（克）	40.5	44.8	镁（毫克）	50	－
膳食纤维（克）	1.7	1.2	钙（毫克）	17	15
维生素A（微克）	32	40	铁（毫克）	1.1	1.7
视黄醇当量（微克）	52	46.6	铜（毫克）	0.4	－
胡萝卜素（微克）	0.9	1.1	锌（毫克）	0.57	－
硫胺素（毫克）	0.14	0.19	硒（微克）	1.13	－
核黄素（毫克）	0.17	0.13	锰（毫克）	1.53	－
烟酸（毫克）	0.8	1.2	磷（毫克）	89	91
维生素C（毫克）	24	36			

(1) 为啥说板栗是重要的"木本粮食"

板栗富含碳水化合物，糖和淀粉的含量高达约70%，惊人的是，板栗中淀粉含量是马铃薯的2倍，碳水化合物含量与粮谷类相当，热量与面粉、大米等主食相近，能供给人体较多的热能，可作为代用粮。板栗具有小麦和大豆的长处，无论生食、炒食还是蒸饼、做菜，均相宜。中医认为，板栗有养胃、健脾、补肾、壮腰、强筋、活血、止血、散痕、消肿等功效，特别是对老年人有很好的滋补效能。常用于治疗肾虚所导致的腰膝酸软、腿脚不遂、小便频繁和脾胃虚寒引起的慢性腹泻及外伤骨折、血淤肿痛、皮肤生疮、筋骨疼痛等症，对维持人体的生理功能和身体健康有重要作用。唐代医药学家孙思邈称板栗为"肾之果也，肾病宜食之"，明朝李时珍在《本草纲目》中记载："栗治肾虚、腰腿无力，能通肾益气，厚肠胃也，肾主大便，栗能主肾"，并把栗子和莲子比美，说栗子"熟者可食，干者可脯；丰俭可以济时，疾苦可以备药；辅助粮食，以养民生"。

(2) 板栗富含人体必需的蛋白质和脂肪

板栗蛋白质含量接近面粉而且比地瓜高1倍以上，板栗含有17种氨基酸，种类丰富，其中赖氨酸、苏氨酸、色氨酸、蛋氨酸等含量超过FAO/WHO的标准，食用板栗可以补充谷类限制性氨基酸的不足，有利于改良谷类食物限制性氨基酸的不足，经常食用板栗对改善人们的营养水平具有重要作用。板栗脂肪的含量是面粉或大米的2倍，而且含有不饱和脂肪酸，可以降低血清总胆固醇和低密度脂蛋白的含量，且不会造成体重的增加，非常适合高脂血症患者食用。

(3) 板栗富含维生素

板栗的维生素C、B族维生素和胡萝卜素的含量较高。板栗中维生素C的含量高达每100克24毫克，比含维生素C丰富的番茄还要多，是桃、梨、苹果等果品的5倍以上，同时板栗中的维生素C是被淀粉包裹的，加热不会造成流失。板栗中维生素B_2的含量是大米的4倍。板栗富含叶酸，可预防孕初期胎儿神经管畸形。

(4) 板栗富含矿物质

有钾、镁、铁、锌、锰等，尤其是含钾量突出，与其他矿物质协同作用，可保护心脏，预防"三高"。

(5) 板栗富含膳食纤维

膳食纤维容易吸收水分，使胃内食物容积增大，食后易有饱胀感，延缓了对葡萄糖的吸收，促进胰岛素与胰岛素受体的结合，使葡萄糖代谢加强，维持血糖的稳定。

3. 板栗的分类

板栗可以分为大型品种和小型品种。大型板栗多指南方板栗，平均每千克140粒及以下，主要品种有魁栗、处暑红、罗田板栗、迟栗子、紫油栗、中迟栗、蜜蜂球、毛板红、叶里藏、浅刺大板栗、大红袍、粘底板、它栗、岭口大栗、查湾种等。小型板栗多指北方板栗，平均每千克140粒以上，主要品种有明栗、红栗子、红皮栗、红油皮栗、红光栗、秋分栗、灰拣、明拣、尖顶红栗、九家种、青扎等。

4. 板栗的选购方法

品质较好的板栗，果壳表面完整坚硬、皮呈深褐色、致密有光泽、尾部附有一层薄薄的绒毛，无黑斑、无虫眼、无褶皱、无瘪印、摇晃时没有声响。果仁淡黄、饱满完整、颗粒均匀、肉质细密、重量较大、水分较少，具有应有的色泽和香味，甜度高，口味佳，无异味。

品质较差的板栗可能有以下问题：①霉烂果：遭受病原菌的侵染，导致细胞分离、果皮变黑，部分或全部丧失食用价值的板栗。②虫蛀果：遭受虫害侵蚀而影响感官感受，部分或全部丧失食用价值的板栗。③风干果：由于风干失水，果仁干缩并与内果皮分离的板栗。④裂嘴果：自然生长条件下，果皮开裂或由于机械损伤等外力而导致果皮破损的坚果。

若是在正规市场购买预包装板栗产品，可以根据产品包装上标注有板栗的质量等级进行选择，如特级、一级、二级。板栗首先按品质分为炒食型板栗和菜用型板栗。炒食型板栗适用于炒食用品种，一般具有肉质细糯，含糖量较高，风味香甜，果皮深褐色，茸毛少的特点。菜用型板栗适用于菜用品种，一般具有肉质偏粗粳、含糖量较低、果皮茸毛较多的特点。炒食型板栗和菜用型板栗的质量等级按每千克坚果数量、整齐度、缺陷容许度、糊化温度、淀粉含量、含水率和可溶性糖为标准进行分级，具体规定如表6和表7所示。

表6　炒食型板栗的分级标准

指标	特级	一级	二级
每千克坚果数量（粒/千克）	80～120	121～150	151～180
整齐度（%）	>90	>85	>80
缺陷容许度	霉烂果、虫蛀果、风干果、裂嘴果4项之和不超过2%	霉烂果、虫蛀果、风干果、裂嘴果4项之和不超过5%	霉烂果、虫蛀果、风干果、裂嘴果4项之和不超过8%
糊化温度（℃）	<62.0		
淀粉含量（%）	<45.0	<50.0	>50.1
含水率（%）	<48.0	<50.0	<52.0
可溶性糖（%）	>18.0	>15.0	>12.0

表7　菜用型板栗的分级标准

指标	特级	一级	二级
每千克坚果数量（粒/千克）	50~70	71~90	91~120
整齐度（%）	>90	>85	>80
缺陷容许度	霉烂果、虫蛀果、风干果、裂嘴果4项之和不超过2%	霉烂果、虫蛀果、风干果、裂嘴果4项之和不超过5%	霉烂果、虫蛀果、风干果、裂嘴果4项之和不超过8%
糊化温度（℃）	<68.0		
淀粉含量（%）	<50.0	<55.0	>55.1
含水率（%）	<52.0	<57.0	<65.0
可溶性糖（%）	>15.0	>12.0	>10.0

5. 板栗的储藏方法

板栗的储藏方法
扫一扫，了解更多吃的科学

　　由于板栗中水分和碳水化合物含量较高，易发生失水损耗和霉变，不宜长久放置，保质期较短。板栗应置于通风干燥、阴凉避光的地方保存，在储存过程中控制温湿度，防止暴晒、雨淋，以防风干或霉变。

　　新鲜板栗在常温下贮藏时间较短，在阴凉通风处，带皮的板栗可贮藏1个月，去皮的板栗可贮藏1周。带皮和去皮的新鲜板栗均可在冷藏和冷冻环境下延长储藏时间，在通风干燥的环境下，冷藏可贮藏1个月，冷冻可贮藏6个月。将新鲜板栗晒干后剥壳密封贮藏也可延长储藏时间，干板栗冷藏可贮藏两个月，冷冻可贮藏12月。

　　板栗含水量一般较高，尤其是加

发霉板栗

工制品，若板栗在储存过程中产气或有霉斑，如加工后包装涨袋、外壳或仁肉长白毛、绿毛，则可能发生霉变或细菌性腐败，不宜食用。

（七）开心果

1. 认识开心果

开心果是一种休闲类干果，又名"必思答""绿仁果""阿月浑子"等，是世界四大坚果之一，其余几种分别是核桃、榛子和巴旦木。其形态类似白果，但开裂有缝而与白果不同。"开心果"这一名字的来源，并不是因为吃了开心果就会开心，而是因为所有的开心果都是开着口的，仿佛在微笑一样，寄托了人们美好的希冀，也显示出开心果颇受欢迎的特质。

开心果

开心果是漆树科落叶乔木无名木的果实，其树高达10米，是一种长寿树木，树龄长达300～400年。每年5月开花，9月结果。当果皮裂开、露出绿色果仁时采收。开心果树属于亚热带旱生之物，主要分布在地中海沿岸，在伊朗、埃及、俄罗斯、意大利、土耳其、阿富汗等国均有种植，美国西南部也有少量种植。伊朗是开心果生产大国，也是开心果

生长中的开心果

的原产地之一。在20世纪初，开心果首次出口俄罗斯和埃及。在第二次世界大战之后，伊朗的开心果迅速发展起来，并逐渐在其他各国得到广泛种植。据了解，美国开心果也是在20世纪50年代末期，才得以广泛种植，但是如今已然成为了开心果的第二大产地。有数据表明，伊朗和美国是开心果出口量最大的国家，多出口到澳大利亚、中东、美洲及亚太地区。在我国，开心果的产地主要分布在新疆地区。虽然在唐朝时期我国就有引进开心果的品种和种植技术，但是产地范围不广，因此国内的开心果产量不大。

早在公元前7000年，人类就开始食用开心果。在古代，开心果成为了供皇室及特权阶层享用的美食，传说开心果是古巴女王最爱的美食。古代波斯国国王也视之为"仙果"。传说公元前3世纪，亚历山大远征到达一个荒无人烟的地区时，军队粮草成了大问题。但是天无绝人之路，士兵们发现一个山谷中长满了一种树，果实累累，他们试着采此果充饥，结果发现此种果实不仅能吃，而且有股香味，吃后使人精力充沛，体格强健，增强能力。又据传公元前5世纪，波希战争时，波斯人就是全靠食用"阿月浑子"才使军队精力旺盛，连打胜仗的。当时波斯牧民在游牧时，一定要带足够的阿月浑子才能进行较远的迁移生活。如今，开心果已经成为世界各国人们最喜爱的日常零食之一。

2. 开心果的营养价值

开心果在我国作为食疗滋补品应用，已有千年以上的历史了。唐代有个波斯后裔叫李珣的人，写过一本专门收载海外药物的《海药本草》，书中就有关于开心果的记载："其实状若榛子，波斯家呼为阿月浑子。"因为它传自西域，唐代另一位药学家陈藏器在他写的《本草拾遗》这本药书中，又把它叫作"胡榛子"。到了元代，御医忽思慧在他专门为皇帝撰写的食疗专著《饮膳正要》中，则取其译音，称为"必思答"。忽思慧认为开心果具有"调中顺气"的功效，即可以理气开郁，让人保持心情愉快。明代医家李时珍认为开心果可以"去冷气、令人肥健"，"治腰冷"，"房中术多用之"，提示开心果具有很好的补肾壮阳功能。清代医家赵学敏认为开心果可"滋肺金、定喘急、久食利人"。可见，开心果不仅可以理气开郁，让人保持心情愉快，而且还具有很好的补益肺肾的作用。

现代研究表明，开心果果仁是高营养的食品，每100果仁含维生素A20微克，叶酸59微克，铁3毫克，磷440毫克，钾970毫克，钠270毫克，钙120毫克，同时还含有烟酸、泛酸、矿物质、胡萝卜素等。开心果种仁含油率高达45.1%，冷榨油可用做高级健脑用油和制作糕点、人造奶酪的原料。开心果又是滋补食药，它味甘无毒，温肾暖脾，益虚损，调中顺气，能治疗神经衰弱、浮肿、贫血、营养不良、慢性泻痢等症。开心果果仁含有维生素E等成分，有助于抗衰老、能增强体质；开心果中含有丰富的油脂，可以有润肠通便，有助于有机体排毒。

①油酸：油酸是最主要的一种单不饱和脂肪酸，在日常油脂或其他食物中并不常见或含量较低。它可以降低血液总胆固醇（TC）和低密度脂蛋白胆固醇（LDL-C），被认为是最有益于心脑血管系统健康的脂肪酸。开心果含有较多的油酸，其含量占开心果所含脂肪的一半以上。

②原花青素：原花青素是赫赫有名的葡萄子（提取物）的主要功效成分，它在开心果，尤其是开心果紫红色的果衣中含量颇丰。尤其是原花青素具有较强的的抗氧化作用。研究发现，原花青素还具有降血脂、降血压、抗动脉粥样硬化、抗癌、抗辐射、抗过敏、防治白内障等作用。

③叶黄素：开心果翠绿色的果仁中含有较丰富的叶黄素。叶黄素也具有较强的抗氧化作用。此外，叶黄素还能对抗视网膜黄斑病变。

④植物甾醇：开心果还被人们喻为"心脏之友"。美国弗吉尼亚大学的研究员经过广泛测试和数据分析后总结到：在众多果仁类食品中，开心果

和葵花籽的植物甾醇含量最高，而这种物质能够抑制人体对胆固醇的吸收、促进胆固醇的降解代谢、抑制胆固醇的生化合成等，进而起到预防心血管疾病的功能。每天适量食用开心果，将可能降低发生心脏病的概率。

⑤膳食纤维：与其他坚果相比，开心果的优势是膳食纤维含量较高，大约30～50粒开心果中就含有2～3克膳食纤维。

3. 开心果的分类

开心果果实具有很高的经济价值，已成为世界性的坚果，世界各地均很畅销。现有常用的品种可分为几种：

(1) 长果开心果

这个品种的果实形状为长卵圆形。在果实中有红晕围绕，果实顶端是尖的。纵径长为2.5厘米且横径长为1.1厘米。该品种的果树坐果率非常高，具有很强的丰产性。这种开心果为大果型品种，生长健壮，果大产量高，易受生产者和消费者的欢迎，最有发展前途。

(2) 早熟开心果

这种果树树势较弱，果树枝条是弯曲下垂的。开心果果实呈现出皮孔，皮孔颜色为白色，果实皮孔的形状是圆形的并且非常突出。这种开心果的坐果率为中等。这种果树产出的果实近似椭圆形，纵径长为1.9厘米且横径长为1.0厘米。在果实顶端和阳面，呈红色。果实上有明显的果皮条纹。

(3) 短果开心果

这种果树树势中等，叶子叶面较为光滑，有稀疏的茸毛覆盖在其上。

这种果树的坐果率较低。这种果树结出的果实呈现卵形,果实的颜色是黄白色的。纵径长为2.1厘米且横径长为1.3厘米。

(4) 诺特罗洛 (Ntoaloro)

这种果树为中亚类群,其所结出的开心果果实较大。这种果实的风味不是很好。在果实中种子是绿色的并且开裂比率高。

(5) 达罕 (Lassen)

这种果树的生长势非常旺盛并属于晚开花的品种。这种果树结出的果实具有优质、高产、果实大型的特点,品质在开心果中属于上等。

(6) 克尔曼 (Kerman)

这种果树为雌株。具有果大、丰产的特点。此外隔年挂果现象严重,另一问题是有空壳和果壳不开裂现象。但这种果树长势很旺盛,有开花晚、果实优质、果大并高产的优点。这种果实的单核重1.3克,果仁绿色,品质好。

(7) 萨瑞乐 (Sirora)

这种果树树势中庸,具有丰产性强和容易结果的特点。此外这种果实坐果率很高。果实为大型果,果仁白色与品质上等都是这种果实的特点。

4. 开心果的选购方法

①选样子:质量好的开心果应为黄皮、紫衣、绿仁,颗粒大而饱满。常见的那种太白的开心果实则为漂白过的,对人体有害,最好少食用。好的开心果果壳具有自然光泽,果仁呈自然绿色。一般来说,个头大的开心果比

个头小的口感更好，也更有嚼劲。好的开心果，其裂口是果仁成熟饱满后的自然胀开，而某些人工开口的开心果壳大肉小，品质就逊了一筹。

②选包装：开心果外面那层硬皮为果皮，里面即为果仁，果仁烤制后散发香气，即我们可以吃的那部分，越嚼其香味越浓，回味无穷。正是因为开心果属于壳类干果，容易回潮变质，所以尽量挑选有密封包装的，不要买散装的产品。注意挑选和买一些值得信赖的大品牌比较安全放心。

③选原产地：尽管我们日常生活中在各地均能买到开心果，但开心果并非中国原产，尽管现在新疆等地也有栽培，但品质较好的还属

太白的开心果与正常的开心果对比

进口。挑选较为知名的产地，也就挑选到了品质更好的开心果。世界上最大的开心果生产商为美国的派拉蒙农场，位于美国中心峡谷，拥有适宜的气候环境，充足的水分和营养，果品品质优良。该农场还有100多年的农业生产研究经验，也是获得欧洲产品认证ISO9001、HAACP和美国农业部证书，并且获得黄曲霉毒素检测合格的开心果产地。

5．开心果的储藏方法

开心果果实的成熟期有早有晚，早熟品种7月下旬果实成熟，晚熟品种要延迟到9月底以后成熟。对于整棵树，树冠上部的果实常先于下部的成熟，对于每一个果穗来说，开心果是从基部先成熟。开心果种植在山坡的果实先于种植在山顶的成熟，阳坡的果实先于阴坡成熟，背风坡的果实

变质开心果

先于迎风坡成熟。所以，采收开心果时应该分批采收。果实成熟时，颜色变暗、表面出现皱纹、果梗干燥后，就要采收。采收方法多为人工采收。对初果树、树冠矮小的树都进行手工采摘；而对于盛果树、树冠大的树就像打枣一样用长杆击打枝干振动落地后将果实收集。收集的开心果装在人力推车或小型机动车运至晾晒场进行晾晒。

开心果果实采收后24小时内须进行脱皮。采用脚踩、碾压方式挤压果实的外果皮后，接着将其放入桶中，加水，滤去破碎外果皮，然后捞起晾晒。开心果干燥常采用日晒。先阴晾6小时，再摊晒至干即可。未能立即出售完和未能加工完的开心果，就必须在短时间内找到一个适宜的环境条件进行贮藏。应将晒干的开心果装入麻袋中，放在通风、干燥、无鼠害和无虫害的室内贮藏。在贮藏过程中必须经常上下翻动检查，以确保贮藏的开心果能够保持良好的性状和优良品质。如果贮藏数量大和贮藏期长，最好用气调库。气调库要求条件为：相对湿度在65%以下、氧气浓度在0.5%以下、温度为0~1℃。采用这种气调库保鲜，贮藏期长，有利于保持果实的品质。

家庭食用而言，一般来说需要用可密封的容器，放在阳光晒不到的地方。密封的容器最好还是不透光的，减弱油脂类次级反应。最好还是放在冰箱中，减少氧化反应。购买的开心果，如果要长时间保存，如达到1年，则必需抽真空或充入氮气后密封储存；如果是袋装的，一旦开封，应在2~3个月内吃完，期间也需要密封存放。

（八）夏威夷果

1. 夏威夷果的故事

　　坚果家族很庞大，很多坚果又香又脆，引人垂涎。可强中自有强中手，在众多的坚果兄弟姐妹中，有一种圆溜溜的坚果，凭借着更脆更香且带有独特奶油风味的细腻口感，成功在坚果界脱颖而出，让很多吃货难以抗拒。它就是——夏威夷果。

　　在中国，很多人提起夏威夷果，都自然地想到，这种坚果的家乡是在遥远的夏威夷，一定是夏威夷浓浓的热带风情让坚果如此香脆爽滑。其实不然，夏威夷果在被西方人发现以前，一直安静地生长在澳洲大陆上，是个血统纯正的"澳洲原住民"。

　　欧洲探险者开始环球航行时，偶然遇到澳大利亚这块神奇的大陆。后来，英国在征服东部原住民族的过程中，发现此处的原住民对当地热带雨林里一种含油量很高的坚果有着特殊的喜爱。这种坚果十分美味，但难以大量采集，当地人通常在部落宴会上才吃得到。他们还用其榨取果油，与赭石、黏土混合均匀后，涂抹于脸和身上，绘出具有象征意义的符号或图案。这种原始的人体彩绘，是原住民对神灵表达敬畏、维系身份、铭记部落梦想的一种方式。但在那时，欧洲探险者一心只顾着与原住民抢夺土地，无暇对夏威夷果认真研究。

　　在英国殖民者完成了对澳洲的殖民占领后，陆续有科学家对新大陆岛上各种奇异的动植物进行记录和分类，并加以研究。他们在1828年发现了一种澳洲植物，但直到1858年才正式赋予专业名称：粗壳澳洲坚果（*Macadamiaternifolia*）。但此时被命名的粗壳澳洲坚果并不是原住民所吃的夏威夷果，它只是夏威夷果的一个姐妹种。与夏威夷果相反，粗壳澳洲坚果心藏毒素，其种子会产生对人体有害的氰化物（严重时可能致人死亡），具苦杏仁味，肉少，生吃有毒，没有经过商业化推广和售卖，故基本不见于市面。不过澳大利亚原住民懂得通过长时间浸泡、过滤来去除其毒性，所以也会采食粗壳澳洲坚果。

那后来人们是如何发现夏威夷果真身的呢？和很多新食品品种的发现一样，夏威夷果的美味需要某些人的好奇心与大胆尝试才能发现。当时，澳大利亚的布里斯班植物园收集了很多坚果，其中既有有毒的粗壳澳洲坚果，又有美味的夏威夷果，但在当时，人们尚认为这种坚果有毒，并没有想尝尝的念头。园里有位参与过鉴定粗壳澳洲坚果的主管沃尔特·希尔（WalterHill），为了帮助坚果发芽，便让一位年轻的同事砸开果壳，结果领受任务的小伙子"顺便"尝了一些果仁，意外发现果仁很好吃，有一股奶油香味！

希尔听闻，惊吓之余又感到疑惑，这些果仁明明是有毒又难吃的啊！可过了几天小伙子仍旧安然无恙，而且兴奋地宣告，夏威夷果是他吃过的最美味的坚果！原来，希尔最初发现的是对人体有害的粗壳澳洲坚果，而让同事砸开的是另一种可食的澳洲坚果，即夏威夷果，因为粗壳澳洲坚果与夏威夷果外形太相似了，当时的人们一直以为两者是同一种植物。这便是第一桩有关人类品尝夏威夷果的历史记录。这一年，希尔栽下了园内第一株令原住民和欧洲人都垂涎三尺的夏威夷果树。在澳大利亚布里斯班植物园，那株元老级的果树至今仍在开花、结果。

时光荏苒，19世纪80年代早期，澳洲土地上出现了第一家商业化生产澳洲坚果的果园并蓬勃发展，产品还首次出口到了夏威夷。这种香喷喷的坚果被引进到夏威夷后，当地的阳光气候让夏威夷果树如鱼得水、长势旺盛，不到半个世纪的时间这种植物便在夏威夷岛上遍地开花，成为当地著名的经济作物和重要食材。也正是在这里，夏威夷果凭着它滚圆可爱的外表、洁白的质地，以及让人欲罢不能的香气走进无数美洲人的心。从此，澳洲坚果的"明星事业"一发不可收拾，还同时收获一个"艺名"——夏威夷果。现在，澳大利亚和夏威夷仍然是夏威夷果的两大主要产地。最权威的中文植物分类学工具书——《中国植物志》，也把"夏威夷果"明确叫作"澳洲坚果"，只是商家们为了推广需要，选了"夏威夷果"这个颇具误导性的中文俗名。

夏威夷果

2. 夏威夷果的营养价值

根据美国食物成分数据库显示，夏威夷果的能量与脂肪含量，都是坚果中的第一名。每100克的能量就有718大卡之多，而脂肪含量高达70%以上。像花生、开心果等，脂肪含量也很高，但夏威夷果与它们相比，在脂肪含量上还要略胜一筹。夏威夷果口感那么香脆润滑，离不开高油脂含量的功劳。

不过，夏威夷果的脂肪大多是不饱和脂肪酸，不同于动物油脂中的饱和脂肪酸，这种脂肪酸对人体心脑血管健康十分有益。夏威夷果中单不饱和脂肪酸占近80%，主要是油酸，与橄榄油中的脂肪酸构成比较相似，适量吃有降低甘油三酯和胆固醇，促进心脑血管健康等好处。除此之外，夏威夷果还含有少量的α-亚麻酸，这种脂肪酸是人体必需脂肪酸，必须从食物中才能获得。而夏威夷果、核桃等，是少数几种含有α-亚麻酸的坚果。α-亚麻酸不仅对心脑血管有一定的保护作用，且可促进脑部和神经健康。所以，适量吃夏威夷果对健康有一定益处。

夏威夷果除了脂肪高，维生素B_1含量也很有优势，在坚果中名列前茅。如果主食很少吃粗杂粮，会容易缺乏维生素B_1。如果瘦肉、动物肝脏、大豆、坚果等也吃得很少，那就更容易缺乏了。维生素B_1轻微缺乏容易出现疲劳、肌肉酸痛、腿脚感觉麻木、情绪低落、食欲不振、工作能力下降等情况。所以，要补充维生素B_1，可以选择夏威夷果、开心果、瓜子等来助阵。

3. 夏威夷果的分类

目前真正继承了"澳洲坚果"姓氏的有四个彼此不同的姐妹种，主要分布在新南威尔士州东北部和昆士兰州中部及东南部。其中，唯有夏威夷果和四叶澳洲坚果的种子可生食，深受消费者们青睐。二者之间容易杂交，这两个品种及它们的杂交种已被广泛栽培与加工，在我国云南、广西、广东、台湾等省区均有种植。

4. 夏威夷果的选购方法

①比大小：购买夏威夷果的时候，我们要挑选个头大而且果肉饱满的，

因为个头大的生长周期较长，果实成熟度好。

　　②看颜色：现在市场上卖的夏威夷果基本都是经过加工的，果壳都会有裂口，我们可以从裂口处看到果肉的颜色，如果果仁的颜色是白色的，那么就是新鲜的夏威夷果，品质是好的；如果果仁呈棕色或是其他颜色的话，则是坏掉的或是不够新鲜的夏威夷果。

　　③闻味道：先闻闻夏威夷果散发出来的香味是否清香，越清香的夏威夷果越好。夏威夷果作为脂肪含量很高的坚果容易发生氧化劣变，严重时可产生哈喇味。另外，如果奶香味十分强烈，可能是在夏威夷果中加了奶油味道香精，不仅不利于品尝到坚果的原味，而且可能会掩盖食材的变质与异味。

　　④尝口感：品尝一下果仁，看入口是否脆而滑，果仁脆滑为好。

5. 夏威夷果的储藏方法

　　夏威夷果与其他富含油脂的干果一样，应放置在密封且阴凉条件下储存。一般来说，夏威夷果在家中存放不宜超过半年。如果天气潮湿，开袋后应当及时吃完，或者重新封装。如果发现已经有轻微的发霉或变质，有哈喇味，要坚决丢弃，不要再食用。

（九）山核桃

1. 认识山核桃

　　山核桃（*Carya cathayensis Sarg.*），又名小核桃，在安徽称为野漆树，在浙江又名山蟹，是一种胡桃科山核桃属落叶乔木的种子，山核桃树高达10～20米，适宜生长于山麓疏林中或腐殖质丰富的山谷，在海拔高达400～1 200米的地区也有分布。山核桃果实口感风味独特、略带苦味，具有极高的营养价值，是一种广受消费者欢迎的高档坚果。我国是山核桃的原产地之一，山核桃目前主要分布于浙、皖交界的天目山区、昌北区及横路乡等地。山核桃还有一个别称叫"大明果"，传说这和元朝开国的故事有关。相传元朝末年，朱元璋出兵灭元的关键一战，就是靠刘伯温发现了漫山遍野这种煮熟了可以作为粮草的山核桃，为士兵们补充了体力，大破了元军，建立了大明王朝。从此以后，山核桃就有了"大明果"的美称。

生长中的山核桃

加工好可以食用的山核桃

2. 山核桃的营养价值

山核桃仁或其制品，具有健脾开胃、润沛强肾、滋补康复、预防冠心病、降低血脂、抗癌的功效。是一种天然绿色、营养丰富、有益于人体健康的营养食品。

①山核桃仁肉中含有22种矿物元素，总量是同等重量核桃的2倍，特别是锌的含量很高，可以促进儿童、青少年生长发育，维持大脑生理功能，增强免疫力，加速伤口愈合等。其他对人体有重要作用的钙、镁、铁及磷含量也十分丰富。

②山核桃果肉中有7.8%~9.6%的蛋白质，其中7种人体必须氨基酸的含量较丰富。

③和核桃、碧根果等类似，山核桃中的脂肪酸中不饱和脂肪酸含量较高，有降低血脂，预防冠心病之功效。长期食用，还对癌症具有一定的预防效果。

④吃山核桃对准妈妈大有裨益，孕期摄入山核桃，有利于胎儿健康发育。山核桃的多不饱和脂肪酸中Ω-6脂肪酸（亚油酸）与Ω-3脂肪酸（亚麻酸）的比例为4~6：1。胎儿期26周到出生后两岁的阶段，是人体脑部和视网膜发育最为重要的阶段。亚麻酸对胎儿的脑部、视网膜、皮肤和肾功能的发育有重要意义，长期缺乏亚麻酸会影响孩子注意力和认知能力的发育。由于母体是胎儿和婴儿营养的主要提供者，所以孕期和哺乳期的妈妈要特别注意亚麻酸的摄入。

3．山核桃的分类

现有山核桃总共大约有15种，主要分布在北美洲，其他有4种分布在亚洲东部，中国有4种和引种栽培种1种。山核桃在植物学上主要分为裸芽山核桃组和镊合芽鳞山核桃组。顾名思义，裸芽组形态冬芽裸露，不具芽鳞；另一组的冬芽具有4~6芽鳞，镊合状排列，主要分布于北美。

我国市售山核桃主要有东北山核桃和临安山核桃等。临安是中国"山核桃之乡"，种植加工山核桃已有500余年的悠久历史。在全世界15种山核桃中，临安山核桃生长在气候优越、土壤肥沃、植被茂盛的山区，主要分布于浙西北天目山区，属于稀特产品，因其果实核大、壳薄、质好、香脆可口而著名，有"天下美果"之称，同时是临安"老三宝"之一。

4. 山核桃的选购方法

选购山核桃的方法和核桃类似，基本可以从下面几个方面进行选择：

①观察外形：优质的山核桃颗粒均匀、表面洁净、色泽一致、形状为球形，外壳没有破口、虫蛀、发霉等。

②闻气味：对于山核桃仁制品，闻气味可以判断是否是新鲜山核桃加工而成，优质商品香味浓郁；而陈货炒成后核桃仁的香味寡淡，甚至有哈喇味、霉变味，不可购买。一些加工制品中添加了椒盐、奶油等配料和香精香料，有可能掩盖了本身的不良气味，要仔细辨别。

③听声音：和核桃一样，可以将带壳山核桃从高处落下或互相碰撞时发出像破乒乓球一样的声音，证明其中有空壳或干瘪果。

④掂重量：如果果实放在手里轻飘飘的，很可能有空壳或因为存放时间太长，山核桃仁已经脱水、变质。

⑤看核仁：新鲜的山核桃肉颜色呈淡黄色或浅琥珀色，果肉颜色越深说明桃核越陈。保存不当的山核桃容易霉变，有霉斑等，购买时要仔细看清。

5. 山核桃的储藏方法

山核桃含油量高，在贮藏期间最易发生的问题是油脂氧化、霉菌污染、虫害。山核桃的贮藏方法有常温贮藏、低温贮藏和气调贮藏。常温贮藏时要注意贮藏前要干燥、选用麻袋或布袋、纸袋包装、贮藏于通风、阴凉、背光处。冷藏应该注意：温度控制在0～2℃，用麻袋或木箱包装，分层摆放；相对湿度控制在60%～70%。气调贮藏通常用于大宗贮藏，应该注意气调库二氧化碳或者氮气浓度初期控制在50%左右，之后保持在20%左右，如果空气湿度大，在贮藏山核桃时可以加吸湿剂，最好在通风库中覆盖薄膜贮藏。

（十）白果

1. 认识白果

白果，又叫银杏、公孙树子等，是银杏树的果实，其味甘甜。白果有很多品种，如大佛指、龙眼、扁佛指、七星果、金坠和圆铃等。不同品种白果之间的形状虽有所差别，但主要呈现椭圆形，表面平滑，一端稍尖，另一端钝，其长约2厘米，宽约1.5厘米，厚约1厘米。白果未成熟时表面呈现青绿色，成熟后颜色转变为白色或淡棕黄色。

未成熟白果

成熟白果

银杏树，又名公孙树，鸭脚树等。银杏是我国现存最古老的珍贵树种之一。为什么白果树又叫"公孙树"呢？因为它生长缓慢，树龄较长，自然条件下从栽种到结银杏果要20多年，40年后才能大量结果，也就是爷爷种植的银杏树，得到孙子那代才能开花结子。银杏树是雌雄异株，大约4月间开花，到了金秋时节白果逐渐成熟。银杏树姿态优美，秋季满树金黄色，极具观赏价值，是观赏绿化的理想树种。

银杏树　　　　　　　　　　　　银杏叶

银杏喜爱温暖湿润的气候，具有喜光、耐寒、耐旱、忌涝等特点，在积水或盐碱地中不适宜栽培。银杏的自然地理分布范围很广，在中国、日本、朝鲜、韩国、加拿大、新西兰、澳大利亚、美国、法国、俄罗斯等国家均有大量分布。在中国，主要分布于温带和亚热带气候气候区内，遍及22个省（自治区）和3个直辖市。从资源分布量来看，以山东、浙江、江苏、四川、广西、湖北、贵州等省最多，主要产于江苏泰兴、浙江湖州、广西灵川等地。江苏泰兴市全市有银杏树500多万棵，尤其以盛产果大、仁满、浆足、壳薄、粒重、色白、味甘糯、耐贮藏的"大佛指银杏"而著称于世。据说在香港市场，只要麻袋上印有"泰兴白果"字样就免检。

2. 白果的营养价值

白果不但营养丰富，而且还具有较强的医疗保健功效，深受人们的喜爱。传说河南嵩县一羊倌埋下银杏种子，辛勤培育成参天大树，结出丰硕的果实。后来羊倌患上哮喘病，昏迷中隐约看见树上有位美丽的姑娘，信手递给他数粒果实，让其吞服，羊倌服后顿时病愈。此后羊倌年复一年地将果实分给众多病人，治好了成千上万的哮喘病患者，从此利用白果治疗哮喘病的方法广为流传。

白果果仁除含有淀粉、蛋白质、脂肪、糖类之外，还含有维生素E、核黄素、胡萝卜素、钙、钠、磷、铁、钾、镁、锰、硒等微量元素。此外，白果果仁还含有白果酸、白果醇、白果酚、氢化白果亚酸、氢化白果酸、五碳多糖等成分。不同地区不同品种的白果营养成分的含量有所差异，如下表所示。

表8　白果营养成分表（每100克）

营养素	含量	营养素	含量
碳水化合物（克）	72.60	脂肪（克）	1.30
蛋白质（克）	13.20	钙（毫克）	54.00
维生素E（毫克）	24.70	锌（毫克）	0.69
核黄素（毫克）	0.10	锰（毫克）	2.03
铜（毫克）	0.45	磷（毫克）	23.00
钾（毫克）	17.00	硒（微克）	14.50
钠（毫克）	17.50	铁（毫克）	0.20

白果具有丰富的营养成分，有药食同源的功效。首先，白果能预防心脑血管疾病，具有活血化淤，防止血栓形成，降低血液凝集度，清除自由基，延缓动脉硬化进度的功效。其次，白果还可以美容养颜，具有抗氧化、延缓衰老的作用。最后，白果还具有抗过敏、消炎杀菌等功能。

我国众多中医古籍，均将白果视为一味重要的中药材。现代医学对白果众多的成分研究后认为，白果酸能不同程度地抑制大肠杆菌、炭疽杆菌、伤寒杆菌、葡萄球菌、链球菌等多种细菌。白果酚具有降血压的功效，而且能提高血管的通透性。中医认为经常食用白果，可温肺益气、清热扰菌、延年益寿防衰老。西医认为白果的提取物可以控制血压、扩张血管、增加冠状动脉血流量、降低心肌耗氧量、镇咳祛痰、呼吸道平滑肌解痉，有益于心脑血管、呼吸系统疾病的防治，此外还对于皮肤、牙齿等有很好的保健作用。

3．白果的分类

白果营养价值丰富，种类繁多，在我国大部分区域都有栽培。目前主要有八类白果，分别是大果银杏、大梅核、大佛手、大金坠、大圆铃、佛指、洞庭皇和大马铃。大果银杏主要栽培于湖北安陆、孝感、随州，广西灵川等地。该品种颗粒饱满圆润，结果率高。大梅核在浙江的诸暨、临安、长兴，广西的灵川、兴安，湖北的安陆、随州等地有大面积栽培。大梅核品种适应性强，抗涝耐旱。大佛手品种主要栽培于江苏吴县，此品种抗风耐涝能力较弱。大金坠主栽于山东郯城、江苏邳县，该品种核大壳薄，糯性强，抗涝耐旱。大圆铃在山东郯城，江苏邳县栽培较多，其种仁饱满，抗性强。佛指主栽于江苏泰兴。大马铃主栽于浙江诸暨、江苏邳县、山东郯城等地，种仁甘甜，糯性好。

4．白果的选购方法

采购白果时，首先看外观，品质优良的白果应呈椭圆形，长1.5～2.5厘米，宽1～2厘米，厚约1厘米。白果表面应呈黄白色或淡棕黄色，内部淡

绿色或淡黄色，表面平滑，中间有空隙。白果无臭味且味甘微苦。优质的
白果粒大饱满、有光泽。劣质的白果表面发黄，用手剥开会内部发绿，很
可能是用硫磺熏蒸过。如表9所示。

　　作为药材使用时，白果应该用果仁而不用碎白果，以避免供应商将质
量较次甚至将发霉的白果打碎掺杂在其中，从而保证白果的内在质量。如
果采购完整的白果，应在验质时砸开观察是否合格，而且验质时应闻其味，
没有味道或稍有酸味是比较正常的，如果有霉变的气味或酸臭味就可以判
定这样的白果是不合格的。

按标准加工的白果

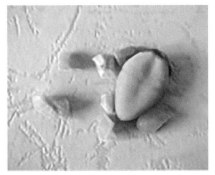
合格的白果

未蒸透的白果

粉渣状的白果

表9 合格白果与劣质白果的比较

项目	外观大小	外观特征	果仁颜色	果仁质地	气味
合格白果	呈椭圆形，长1.5~2.5厘米，宽1~2厘米，厚约1厘米	表面黄白色或淡棕黄色，平滑，一端稍尖，另端钝，边缘有2~3条棱线	种皮内层质硬，种仁宽卵形或椭圆形，一端淡棕色，横断面外层黄色，内部淡绿色，有的黄色，粉性，中间有空隙	质硬，半透明，断面呈玻璃碴状，不易破碎	无臭，味甘，微苦
劣质白果	呈椭圆形，长1.5~2.0厘米，宽1~2厘米，厚约1厘米	表面白色，有的一面白色一面淡棕色	种皮内层质石硬，种仁宽卵形，有的椭圆形，一端黄绿色，有霉变，有的有绿霉，断面黄白色，有的黑褐色。中间稍有空隙	粉性，质酥脆，断面呈粉白色，易破碎	有臭味，味酸苦

5. 白果的储藏方法

白果储藏时应保持一定的低温和适当的湿度。处理后的白果虽然外种皮已干，但里面的果实还是软的，有一定的含水量，储藏方法不当易变黑发霉，影响白果质量，甚至不能食用。常温条件下，保质期最长6个月。采取科学的方法储藏保鲜，可延长储藏期。白果储藏方法较多，可根据具体情况，选择适宜方法进行储藏。

(1) 冰箱储藏

储藏少量白果时，可将白果装入塑料袋后放在冰箱冷冻室冷冻或速冻，保鲜时间长达1年以上。

(2) 冷库储藏

大批量储藏白果时，可将装有白果的麻袋单层摆放于木架空格之上，冷库温度保持在1～4℃的低温、空气相对湿度50%～60%（不得大于80%）。在此环境下，储藏保鲜时间可达1年以上。储藏期间应每月抽样检查，如发现白果果壳表面出现霉点，应及时将白果倒出用清水重新冲洗、晾干后再放入袋中。

（3）瓶装储藏

少量储藏时也可选用密封性好的玻璃瓶。将白果装入瓶子后密封瓶口，以隔绝瓶内空气和其他细菌的接触。此法可储藏白果9个月以上。

（4）空袋储藏

购置专门用来储藏食物的塑料袋，将白果装入塑料袋后用小气管将袋内空气全部抽空，然后密封塑料袋即可。此法可储藏白果10个月以上。

（5）湿沙储藏

此法适于留种用的白果储藏。白果种子只有在湿沙储藏的条件下，才能顺利完成其胚的后熟过程。湿沙储藏方法为：在阴凉背风处，挖宽60厘米、深80厘米的沟，在沟底先铺一层厚约10厘米的湿沙（沙的湿度不能过大，以手抓成团轻碰即散为宜）。然后在沙上摊放一层10厘米厚的白果，再在白果上铺一层5厘米厚的湿沙，依此码放到50厘米高为止，最上面盖一层厚度20米以上湿沙堆。要经常检查，保持种子和沙子湿润，防止种子霉烂，次年早春即可用于催芽播种。

（6）常温储藏

经脱皮处理并充分晾干的白果，先装入布袋中，在常温条件下置室内继续阴干7天左右。然后再装入塑料袋中，每袋可装10千克，扎紧袋口放置室内，每月将白果全部倒出进行短时间的摊晾1次，也可将塑料袋上打几个小孔，以便于白果有微弱的气体交换。这种方式可储藏保鲜7个月。

（十一）扁桃仁

1. 认识扁桃仁

扁桃仁又称巴旦木、"美国大杏仁"等，是集营养、保健、药用于一体的高档干果。扁桃仁颗粒匀称、丰满、肥厚、有光泽，形状多为鸡心形和扁圆形，其一端尖、另一端圆。扁桃仁的种皮为淡黄褐色，表面有很多深褐色纹路，形成纵向凹纹。扁桃仁含油率约50%，肉质白皙，味道香甜，深受消费者喜爱。

带壳的扁桃仁　　　　　　　　　　去壳的扁桃仁

扁桃树在国外有着广泛的栽培，特别是美国引种欧洲扁桃成功后大力发展其良种栽培，目前栽植面积约14万公顷，年产量近40万吨，居世界各国之首，其产量占全球总产量的60%左右。扁桃仁出口世界94个国家，其出口扁桃仁在中国称为"美国大杏仁"。在国内新疆有较大面积的栽培，主要以天山以南喀什绿洲的疏附、英吉沙、莎车、叶城等县为主，其他省份仅有零星栽植。扁桃树一般定植后2～3年挂果，进入盛果期时间早，盛果期长达30年以上，盛果期株产干果仁6～15千克，亩①产400～600千克。

扁桃树为常绿阔叶乔木，属漆树科芒果属。扁桃树皮呈灰色，树叶为针形，花呈淡红色或白色。扁桃树果实为卵圆形，果实成熟时会因干燥而裂开。扁桃树干笔直，最高达30米，直径约1米。其树冠圆整呈广卵状，冠大浓荫，四季常青，树型纹理美观，极具观赏价值。扁桃树果子甜美，香味浓郁，营养丰富，是亚热带名果。扁桃树一般在2～3月开花，7～8月结果，果实成熟后呈淡黄色，容易掉落。

扁桃树

扁桃果

2. 扁桃仁的营养价值

扁桃仁不仅香美可口，味道甘甜，而且营养价值很高。1999年对我国新疆所采扁桃仁进行分析测定表明，国产扁桃仁的粗蛋白含量为28%，脂肪含量为55%，而且脂肪当中，单不饱和脂肪酸比例高达71%，堪与橄榄油

---

① 亩为非法定计量单位。1 亩 ≈ 666.67 平方米。——编者注

相媲美。而亚油酸含量为20%，不饱和脂肪酸比例占92%。也就是说，从脂肪酸比例来说，扁桃仁几乎和橄榄油相当，而它的蛋白质和膳食纤维含量远远高于橄榄油，从调节血脂角度来说，它的优势是其他坚果难以比拟的。

若从蛋白质的氨基酸组成来看，扁桃仁的第一限制氨基酸是赖氨酸，含硫氨基酸也较低，但是精氨酸、色氨酸特别丰富，亮氨酸、异亮氨酸、缬氨酸含量很高。它的氨基酸化学评分略高于核桃，但明显低于动物性食品。这说明，用扁桃仁替代不了赖氨酸丰富的肉蛋奶等食品。但是，由于精氨酸对于人体的血管扩张有重要意义，而亮氨酸等支链氨基酸对于人体肌肉的合成也有促进作用，可见扁桃仁的氨基酸对于现代社会人的保健来说是很有意义的。

从微量营养素来看，国产扁桃仁的维生素B_2和维生素E含量特别丰富，高于花生、核桃等坚果。对喀什地区所产扁桃仁测定表明，其中钾、钙、镁含量十分丰富，铁和锌元素的含量也很高。当地人认为扁桃仁具有强壮作用，据说60%的维吾尔民族药物配方中要用到扁桃仁，这很可能与其氨基酸构成特点和微量元素含量有关。

有国内学者分析了28个新疆产的不同扁桃仁品种的基本成分，发现其蛋白质含量为12.3%～29.8%，平均为22.6%，脂肪含量为46.6%～62.0%，平均为54.68%。其脂肪酸均以不饱和脂肪酸占绝对优势，28个品种的不饱和脂肪酸占脂肪酸总量的比例为91.4%～93.7%，其中油酸含量为61.3%～77.4%，还有少量棕榈油酸。亚油酸比例为17.1%～26.4%，棕榈酸比例为4.5～9.8%，饱和脂肪酸比例为6.0%～7.6%，平均为7.1%，几乎不含有亚麻酸。野生扁桃仁的矿物质含量又明显高于栽培品种。

我国新疆所产的扁桃仁和进口扁桃仁的营养素含量差异不大，脂肪酸构成也比较相似。国产扁桃仁的脂肪含量略高，单不饱和脂肪酸比例略高，铁、锌含量明显高于美国产品。从口味来说，国内产品也略优于进口产品。

此外，由于新疆地区气候干燥，可以在产地进行产品的分装和运输，更容易保持品质，而进口产品经长途海运，运达沿海港口后再分装销售，容易发生吸潮和氧化现象。所以，购买扁桃仁类产品时，应当特别注意其新鲜度，不要一味地追求进口，其实，国产的品质更佳。

扁桃仁具有多种有益健康的作用，下面一一道来。

(1) 帮助肠道健康

有研究表明，扁桃仁可能拥有益生的特性，有助于改善消化系统的健康和提高免疫力。且连扁桃仁的皮一起食用会大大增加有益双岐杆菌和乳酸杆菌的数量，抑制了某些有害细菌的生长。一般认为，双歧杆菌等菌种可调节免疫系统并抑制致病菌生长，乳酸杆菌则可以促进乳糖消化，缓解便秘。益生元是不易消化的食物成分，可作为人体肠道内双歧杆菌和乳酸杆菌等"有益"细菌的食物。

(2) 控制体重

有研究表明，吃了含有扁桃仁的零食之后，很长一段时间就不想吃东西了，或者想吃也吃得很少了。如果希望进行体重的控制，最好将扁桃仁作为下午或者晚上的零食。因为食用了扁桃仁之后，食用者会有非常强的饱腹感，再者扁桃仁所含的膳食纤维让脂肪吸收率降低，从而达到控制体重的效果。此外，有报道称扁桃仁可作为零食代替碳水化合物，有助减少腹部和腿部脂肪，所以扁桃仁是非常健康的零食。

(3) 维持血糖水平

在控制血糖方面，扁桃仁能够帮助病人促进胰岛素的有效性或者是敏感度，并且摄取扁桃仁能够降低胆固醇。因为患有糖尿病的人可能都会有心脏方面的疾病，对胆固醇的摄入控制也是非常重要的。此外，食用扁桃仁以后，抗氧化方面也有所改进，发炎反应有一定程度的降低，并降低一些并发症的风险。在扁桃仁当中，有很多不同的营养素，能够帮助糖尿病的病人降低血糖，或者控制血糖的成分。第一是不饱和脂肪酸，根据科学实验证明，能够帮助控制血糖。第二是刚才提到的生物醇，它是抗氧化物。氧化率太高的话，胰岛素的功能会下降，而生物醇能够提供抗氧化的功能，因此可以提升胰岛素的功效，帮助控制血糖。第三是矿物质镁。有研究表明，大部分的糖尿病人都缺乏矿物质镁。镁参与热量的代谢，这个热量代谢和胰岛素的功效相关。如果镁缺乏的话，整个胰岛素的代谢就会受到损害。此外扁桃仁所含的这几种营养素，可能都有共同协同的作用，从而帮助糖尿病病人控制血糖，帮助病人提升他们的胰岛素的功效。

(4) 抗氧化能力

扁桃仁含有多酚和生物醇，多酚和生物醇有交互的作用，产生抗氧化的效果。另外由于扁桃仁含有非常多的生物醇，摄取生物醇能够帮助吸烟者降低身体的氧化压力。抗氧化物质可以保护DNA，保护蛋白质，保护脂肪。此外扁桃仁富含维生素E，能起到美容的作用，每天一把扁桃仁（约28克）可以提供人体一天所需的一半量的维生素E，可谓便携的美容天然零食。

3. 扁桃仁的分类

扁桃仁在我国新疆有较大面积的栽培且品种繁多，主要分为五大系，分别为软壳甜巴旦杏品系、甜巴旦杏品系、厚壳甜巴旦杏品系、苦巴旦杏品系和桃巴旦杏品系。其中比较著名的扁桃仁品种有纸皮、双果、鹰嘴、克西、那普瑞尔和米森，不同品种的扁桃仁形状、大小、重量、含油率和风味都有所差别。与其他品种相比，克西品种扁桃仁的重量最大，每粒约2.5克；双果和鹰嘴品种次之，约为2.0克；米森品种的重量最小。

4. 扁桃仁的选购方法

消费者在选择购买扁桃仁时，应该选择颗粒匀称、肥厚且表面有光泽的，形状为鸡心形或扁圆形的扁桃仁。消费者应选择充分干燥且用手捏时感觉仁尖扎手的扁桃仁（干燥的扁桃仁用牙咬能够产生松脆的声音）。如果扁桃仁上有小细洞或白花斑切记不要食用，这可能是虫蛀和霉点，食用后可能会产生中毒症状。此外，口感软而不脆的扁桃仁多发生了变质，营养流失比较严重且产生了很多有毒物质，也不能食用。消费者在购买扁桃仁时应仔细观察其外观，鉴别其是否是优质扁桃仁，如果购买并食用了变质的扁桃仁，很容易导致中毒。

5. 扁桃仁的储藏方法

食物的存储是非常重要的，因为每种食物的营养特点各不相同，所以选择的存储方法也有所不同。那扁桃仁该如何存储？

①未开封的罐装扁桃仁储藏于干爽环境中，其保质期可长达两年。而开封了的扁桃仁应尽快吃掉或置于干燥不透风的储物罐或密封袋中。

②在干燥、凉爽的储存环境中，扁桃仁的最

扁桃仁可以用罐子储藏

佳食用期为3个月。所以，要避免将扁桃仁暴露在潮湿环境中。

③扁桃仁还适合存放到冰箱里，冷藏可以显著延长保质期。不过在冷藏时一定要注意密实封装，以防扁桃仁因为受潮或结冰引起霉变。

（十二）鲍鱼果

1. 认识鲍鱼果

近年来，很多超市出现了一种长相奇特的坚果，看起来有点像核桃，但却有棱角。它真名为鲍鱼果。鲍鱼果也叫巴西栗、巴西坚果。它产于美国南部，因为它外形看起来很像鲍鱼而得名。鲍鱼果外壳坚硬，果仁肥、白、香，口味佳，是非常受人欢迎的一种坚果。

鲍鱼果（巴西栗、巴西坚果），是玉蕊科巴西栗属的植物，巴西栗属只有巴西栗一个种，属名*Bertholletia*是以法国化学家克劳德·贝托莱的名字命名的。原产于南美洲的圭亚那、委内瑞拉、巴西、哥伦比亚东部、秘鲁东部、玻利维亚东部。零星地分布在亚马逊河、内格罗河、奥利诺科河沿岸的森林里。

很多人吃过鲍鱼果，但大多数人应该不知道鲍鱼果的花和树的样子以及鲍鱼果在采摘加工前的形态吧！以下图片就是鲍鱼果生长时的样子：

开花　　　鲍鱼果　　　结果

鲍鱼果的生长及加工的形态

2. 鲍鱼果的营养价值

　　每100克鲍鱼果含蛋白质14克，碳水化合物11克，脂肪67克，脂肪中的脂肪酸约有25%为饱和脂肪酸，41%为不饱和脂肪酸，34%为多元不饱和脂肪酸。在坚果类食品中，鲍鱼果是饱和脂肪酸含量最高的坚果，其所含的饱和脂肪酸甚至比澳洲胡桃更高。鲍鱼果营养丰富，果仁中除含有蛋白质、脂肪、糖类外，胡萝卜素、维生素B_1、维生素B_2、维生素E含量丰富；人体所需的8种氨基酸样样俱全，其含量远远高过核桃；鲍鱼果中钙、磷、铁、硒、镁含量也高于其他坚果。

由于鲍鱼果中的有益油脂含量非常高，鲍鱼果与核桃相比，鲍鱼果的香味更浓。据一些文章报道，食用鲍鱼果有以下特点和益处：

(1) 预防心脑血管疾病

鲍鱼果比核桃味道还香，因为鲍鱼果中含有丰富的饱和、不饱和脂肪酸构成的油脂，适量吃些鲍鱼果，对于高血压、心脑血管疾病有着很好的预防作用。

(2) 滋补身体

因为鲍鱼果含有丰富的脂肪，这种脂肪中含有益于人体脂溶性维生素吸收的成分，对身体虚弱、病后虚弱、容易饥饿的人都有很好的滋补作用。

(3) 健脑提升记忆力

食用鲍鱼果对于记忆力衰退可以起到很好的缓解效果。据很多的专家指出，经常食用鲍鱼果，可以达到健脑的功效。因此，鲍鱼果特别适合于正在处于生长发育期的儿童食用，对于孩子的成长非常有帮助。

(4) 解酒护肝

有研究证明，鲍鱼果有较好的解酒护肝的效果，而且效果还非常不错。因此，在饮酒之后不妨多吃几粒鲍鱼果，从而可以达到解酒护肝的效果。

(5) 降低胆固醇

鲍鱼果中的脂肪酸含量很高，因此多吃鲍鱼果不仅能够让我们有很好的饱腹之感，满足口舌之欲，同时健康的不饱和脂肪酸不会让我们储存不必要的胆固醇，是有胆固醇困扰的人士理想的零食选择。

(6) 治疗失眠的功效作用

鲍鱼果有很好的助眠效果，多吃鲍鱼果对摆脱神经性的失眠极为有效。鲍鱼果和牛奶或者粥的搭配既营养又健康。在临睡前给自己一杯营养满分的鲍鱼果露，一定会有更好的睡眠质量。

3. 鲍鱼果的选购方法

鲍鱼果的市场销售价格与核桃的价格大致相同，鲍鱼果在我国也有生产，因而其市场价格还是相对稳定的。目前市场上所销售的鲍鱼果价格，一般在每千克35～50元，而如果在互联网上选购的话，则在20～50元。偶尔其价格也会随着市场有一定的浮动，但价格还算是比较稳定的，消费者的选择余地还是比较大的。国内销售量靠前的几家坚果连锁品牌，暂时均未有鲍鱼果出售，超市出售的鲍鱼果大都为散装称量售价，互联网上销售的一般以小包装形式出售，品牌较杂，大家在选购时一定要注意甄别。

选购鲍鱼果的时候要选购外皮坚硬、果仁香脆的，选购要点如下：

①口味重的不宜食用。口味越重的鲍鱼果，就意味着所添加的食盐、香精、糖精等成分就越多，这些东西一旦过量摄入对身体没有好处，有害健康。

②购买鲍鱼果时，不要买那些石蜡"美容"过的鲍鱼果。因为这些鲍鱼果一般都是积压已久、颜色不好的，故商家在其中加入石蜡，"美容"一下，用来以次充好。尽管这些石蜡的纯度并不高，但其中还是含有重金属等杂质，食用后，会危害健康。

4. 鲍鱼果的储藏方法

鲍鱼果的储藏方式与其他坚果的储藏方法一致。鲍鱼果的油脂含量极高，储藏的时候要放在阴凉密闭的地方。高温、阳光直射，与空气接触都会加速鲍鱼果的氧化变质。吃完后可以用橡皮筋或者小夹子夹住保持密封。另外手湿的时候不要去碰它，以免其受潮变质，若需储藏较长时间可以密封放入冰箱。

（十三）碧根果

1. 认识碧根果

碧根果是美国山核桃的果实，原产于美国和墨西哥北部，是世界十大坚果之一，又名"薄壳山核桃""长寿果""美国山核桃""长山核桃"，属胡桃科的山核桃属，其英文名为"pecan"，是美国阿尔冈原住民的词语，意思为"需要石头砸开裂缝的坚果"。

碧根果果形为大橄榄状，肉多而香，外形长椭圆形，原产北美大陆的美国和墨西哥北部，现已成为世界性的干果类树种之一，其种仁有优异的食疗保健价值。碧根果含有丰富的脂肪、糖类、蛋白质、多种维生素和矿物质。食用后能补肾健脑、补中益气，润肌肤、乌须发。碧根果的壳很薄、易剥，很脆，跟香榧壳一样脆，不可食用。肉质介于大核桃与小核桃之间，碧根果是山核桃中的高品质品种。

碧根果

2．碧根果的营养价值

碧根果果仁的营养十分丰富。1千克碧根果的营养价值等于5千克鸡蛋的营养价值。据测定，每100克果仁营养素含量为：蛋白质9.7克、粗脂肪76克、碳水化合物1.9克、膳食纤维5.85克、矿物质钙45.8毫克、镁103.0毫克、铁1.78毫克、锌2.77毫克、铜1.23毫克、锰4.25毫克、钾388.3毫克、磷255.9毫克、硫88.4毫克，此外还含有多种氨基酸和不饱和脂肪酸。可见碧根果是一个高脂肪含量且不饱和酸含量丰富的坚果。碧根果有以下的功效与作用：

（1）抗衰老

美国饮食协会建议人们，每周最好吃两三次碧根果，尤其是中老年人和绝经期妇女。因为碧根果中所含的精氨酸、油酸、抗氧化物质等对保护心血管，预防冠心病、中风、老年痴呆等是颇有裨益的。同时，能营养肌肤，使人白嫩，特别是老年人皮肤衰老更宜常吃。碧根果还能抗衰老，作为治疗神经衰弱的辅助剂，能延缓记忆力衰退。碧根果仁中富含的维生素E，可使细胞减少来自自由基的氧化损害，是医学界公认的抗衰老物质。

(2) 防治高血压

营养学家研究结果表明，碧根果中含有大量的不饱和脂肪酸，其中的亚油酸是含量最大的一种。亚油酸是人体所必需的一种脂肪酸，人体一旦缺乏所需的脂肪酸就会导致人体系统的异常。但是，人体不能自身合成亚油酸，而必须从食物中获得。一般的食物无法大量为人体供给亚油酸，但是食用一定数量碧根果能达到人体所需的供给量，所以，经常食用碧根果，可以帮助人体代谢胆固醇。另外，对防治高血压也有很大的帮助。

(3) 治疗胆结石症

碧根果中所含的丙酮酸能阻止黏蛋白和钙离子、非结合型胆红素的结合，并能使其溶解、消退和排泄。所以，有胆石症的患者，不妨经常吃碧根果，就有可能缓解症状。同样，碧根果仁还可用于治疗尿结石。但患病必须遵医嘱，不可完全以食代药。

(4) 抗感冒流感

5粒碧根果就能满足每天锌推荐量的1/6。锌对维持白血球正常功能非常关键，足量的白血球可以抗击感冒和流感病毒。

(5) 防治神经衰弱

碧根果可以充当神经衰弱的治疗剂，对于经常头晕、失眠、心悸、健忘、全身无力的人，每日早晚各吃1~2个碧根果，可以起到一定的防治作用。

(6) 补脑

碧根果中所含的微量元素锌和锰是脑垂体需要的重要营养成分，常食碧根果有益于大脑的营养补充，具有健脑益智的作用。和核桃一样，碧根果仁也有补脑的作用。

(7) 其他价值

碧根果因为脂肪含量高，食用后可使体型消瘦的人增胖；如皮肤粗糙、干枯，食用后则可变得润泽、细腻、光滑，富有弹性；如头发早白，食用后还有乌发、润发的作用。

大家对橄榄油、色拉油、玉米油等油耳熟能详，但是少有人知道碧根果其实也是可以用于榨油的，而且碧根果里面不饱和脂肪酸含量有90%，其中的亚麻酸非常的丰富。另外还含有维生素A等营养物质，所以经常吃碧根果油对于我们人体也是非常好的。中老年人经常服用，能消除或减轻失眠、多梦、健忘、心悸、眩晕等神经衰弱症状，还具有补气血、强壮筋骨等保健作用。另外，榨油后的饼粕可作饲料和肥料，果壳碳酸钾含量达60%以上，可制碱，用作化工、轻工原料。

3. 碧根果的分类

碧根果有大尖、中尖、小尖（两头尖尖的）；中歪、大歪（头歪向一边）；大圆、中圆、小圆（两头为圆形）这三大类品种。

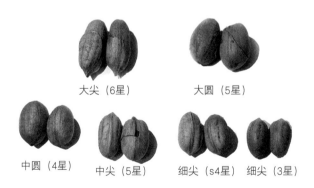

大尖（6星）　　　　大圆（5星）

中圆（4星）　中尖（5星）　细尖（s4星）　细尖（3星）

4．碧根果的选购方法

原味的碧根果因为脂肪含量高，吃起来确实很香，但是不甜。那为何市售碧根果吃起来带着一种浓郁的奶香和甜味呢？这都是因为加工过程中额外添加盐、白砂糖、甜味剂、奶油味道的香精等的结果，导致口味变重，不仅掩盖了原来坚果的香气，而且还可能会掩藏原料本身的变质或不新鲜。碧根果比较容易氧化变质，尤其市面上的碧根果，为了方便食用，大都是经过处理把壳裂开的，甚至还有的把外壳脱去，这样的处理使果仁与空气接触面积大，更不容易保存。所以，碧根果最好买原味的，且选择小包装。

碧根果的种类有很多，那么，不同类型的碧根果口味有什么不同，哪种最好吃呢？一般来说，大粒尖头的碧根果是最好的，相对而言，其在市场上价格也是最贵的，而其他形状的碧根果的价格相对便宜。所以说，在挑选碧根果的时候，尽量选择大粒尖头的，这样的碧根果不仅口感好，而且营养价值丰富，容易剥开。

(1) 看果皮和果仁颜色

好的碧根果壳的颜色是微黄的，而且整体的颜色都很均匀，如果颜色偏白的话，就要留意了，因为有可能是漂白处理改变了果壳的颜色。好的碧根果的果仁颜色偏暗褐色，并且果仁表面有油光。

(2) 果壳薄脆

在选择碧根果的时候其实还有一点也是非常重要的，就是除了果仁结实完整以外，它的外壳是非常薄的。用手轻轻一捏的时候它就会很自然地碎掉，拿一片果壳放在手上可以发现其非常薄。只有外壳这样易裂开的碧根果才算是好的。另外，在选的时候也最好看一下碧根果的开口程度是否适中。

（3）个头大小适中

碧根果怎么选，个头大小是关键。在选择碧根果的时候看这一批量是怎么样的。碧根果的个头要选适中的，尽管大的碧根果比小的碧根果贵，但不一定大的就好，有时，小的口味更加细腻。

（4）果仁饱满

在挑选碧根果的时候除了从外表看之外，更重要的就是观察里面的果仁。购买之前要看一看碧根果里面的果仁是不是看上去非常的充实，果壳是不是都是被果仁填满的。如果果仁看上去还不够饱满，那么很有可能还没有完全成熟，也可能是碧根果已经干瘪、变质、萎缩了。

（5）闻气味

如果是在实体店购买的话，那么最好闻下气味，碧根果都是裂开的，可以直接闻果肉的气味。如果是碧根果本身具有的果肉清香，证明品质是好的，如果有股霉味或者气味异常，建议不要选购，可能已经坏掉了。

5. 碧根果的储藏方法

碧根果要装袋放进小罐子里密封保存。如果家里很潮湿，那么最好密封后放到冰箱里。另外手湿的时候不要去碰它，最好每次吃多少倒多少，然后马上把包装袋里的密封好保存，这样可以在较长的时间内保持碧根果的品质和口感。

（十四）香榧

1. 香榧的故事

香榧又名中国榧，俗称妃子树，是红豆杉目、红豆杉科、榧树属常绿乔木，原产于中国，也是世界上稀有的经济树种。

绍兴县稽东镇流传着一则关于香榧来源的传说，传说中舜为了躲避朱丹的迫害而与娥皇、女英遁入会稽山腹地，靠采摘野果度日。舜下会稽山与百官见面，两位妃子饥饿难当，突闻远处飘来异香，循着香味走去，只见一位老妪正在用石锅炒干果，并告之其为"三代果"。原来这位老妪正是舜的母亲，当她得知娥皇、女英身陷困苦时，便下凡来以"三代果"搭救她们。之后，两妃子把"三代果"种子在当地种植下来。舜死后，两位妃子投湘江而死，后人以"湘妃"相称，于是会稽山一带的农民便移花接木，把她们种下的"三代果"也称作"湘妃"，久而久之，"湘妃"衍化成了"香榧"。还有传说称香榧是天女从天庭偷到凡间来的。偷香榧的天女下凡，因而受到了天帝的惩罚，她的双眼被挖出，扔到了香榧树苗上，故而每个香榧子上都有一对小眼睛，这便是那个被天帝处死的天女的眼睛。

每当到了秋菊怒放，枫叶泛红的时节，便是香榧子成熟的季节，一串串的小果，由青变褐，果皮裂口，这就告诉人们到采摘的时候了。人们把

古代就有了种植香榧的传统

新采摘下来的榧子堆放起来，洒些水，使果皮腐烂，过几天再用清水洗净，便可以晒干贮藏了。种仁饱满的香榧，经过加工可制成多种风味极好的食品，如椒盐香榧、糖球香榧、香摇酥等。由于香榧成熟慢，物以稀为贵，所以它在诸多干果中属价格较昂贵的。香榧为干果中的珍品，吃的时候有一种特殊的香味令人回味长久。

香榧为亚热带比较耐寒的树种，主要生长在中国南方较为湿润的地区，生长在海拔1 400米以下，目前主要分布在中国安徽黟县及浙江诸暨、富阳等地。香榧树是雌雄异株，浅根性、半阴性常绿大乔木。香榧的生长喜温湿润、弱光凉爽的气候环境，朝夕多雾的溪流两旁和直射光较少而散射光较多的山腰谷地，也就是说温湿阴凉是香榧最佳栖息地，风口和光强地方不宜栽种。香榧生长对土壤要求不高，适应性较强，喜微酸性到中性的土壤，耐干旱耐贫瘠，红壤、沙（石、砾）灰土都能适应、还可在裸露的岩石缝中扎根生长。但是一般情况下，香榧种植地应选择在土层深厚、疏松肥沃、通透性好、排灌设施齐全的区域为最佳。香榧树木长寿，适应性强，四五百岁的雌榧尚能枝繁叶茂，结果良好，有的树寿命可达千年以上。民间有"一代种榧，世代得益"的说法。

香榧林　　　　　　　　　　　　生长中的香榧

香榧一般需要几百年才能开花，花期为4月中下旬，生长缓慢，通常要20年左右才结果实，这时树干也仅有茶杯口那样粗细。其果实一簇一簇地长在枝条上，一棵树上，往往一年果、两年果同时存在，因此素有"三代果"之称。三代果既是"俗称"，也有一定的民俗价值，产区农民在办婚嫁喜事时用香榧作"喜果"，以讨彩头。这种情况在果木树中是非常奇特的。唐武宗李炎的名相李德裕在他的宰相府里曾栽种着香榧树，就称其为"奇木"。公元前2世纪初的《尔雅》是记载榧树的最早文献。书中称榧为彼："彼，杉也。其树大连抱，高数仞，其叶似杉，其木如柏，作松理，肌细软，堪为器也。"

香榧属于国家二级保护植物。2013年5月29日，在日本石川县举行的全球重要农业文化遗产国际论坛会议上，绍兴会稽山古香榧群被认定为全球重要农业文化遗产。绍兴会稽山古香榧群位于绍兴市域中南部的会稽山脉，面积约400平方千米，有结果实的香榧大树10.5万株，其中树龄百年以上的古香榧有7.2万余株，千年以上的有数千株。

香榧的果实较为坚硬，营养价值极高。干果称"香榧子"，香榧子又名榧子、香榧，为著名的干果，外有坚硬的种皮包裹，大小如枣，橄榄形，果壳较硬，内有黑色果衣包裹淡黄色果肉，可食用，成熟后果壳为黄褐色或紫褐色，种实为黄白色，富有油脂和特有的一种香气。《尔雅》中这样描述香榧这种果实："结实大小如枣，其核长于橄榄，核有尖者不尖者，无棱而壳薄，其仁黄白色可生啖。"宋代诗人苏东坡也描述过香榧"彼美玉山果，桀为金盘玉"。

香榧树

香榧子

2．香榧的营养价值

香榧子的营养丰富，其种子胚乳含碳水化合物28%，含脂肪49.3%～55.7%，蛋白质7.7～11.5%，糖分1.0～2.4%及多种维生素。种仁油是良好的食用油料，种仁含油量为51%，比油菜籽、大豆等都要高。油脂的脂肪酸以不饱和脂肪酸为主，油酸、亚油酸、亚麻酸三者占78%以上。因此食用香榧子对血脂高的人是很有益处的。用香榧榨出的油脂不但能为人体提供多种营养成分，还有不错的杀虫效果，可以用于人体寄生虫的治疗。刚采摘下来的香榧有着一层油质的绿色外壳，散发着一种特殊的香气。由于香榧子中脂肪酸和维生素E含量较高，经常食用可润泽肌肤、延缓衰老。食用榧子对保护视力有益，这是因为它含有较多的维生素A等有益眼睛的成分，对眼睛干涩、易流泪、夜盲等症状有预防和缓解的功效。香榧子中还含有一定量的乙酸芳樟脂和玫瑰香油，是提炼多种高级芳香油的原料。其果实外面的绿色肉质化假皮中含有柠檬醛、芳樟脂，从中可提取芳香油，其香型特异，可用于牙膏、香皂和食品工业。

香榧还有很多药用价值，如清肺、润肠、化痰、止咳、消痔等功能，香榧果衣还可驱蛔虫，故食用时不必去衣。香榧果仁中所含的四种脂碱对淋巴细胞性白血病有明显的抑制作用，并对预防和治疗恶性程度很高的淋巴肉瘤有益。传统中医药学认为，榧子具有消除疳积、润肺滑肠、化痰止咳的功能，适用于多种便秘、疝气、痔疮、消化不良、食积、咳痰症状。榧子可以用于多种肠道寄生虫病，如小儿蛔虫、蛲虫、钩虫等，其杀虫能力与中药使君子相当。据《本草纲目》记载，香榧具有"治五痔，去三虫蛊毒，鬼疰恶毒""疗寸白虫，消古，助筋骨，行营卫，明目轻身，令人能食""治咳嗽白浊，助阳道"等功能。《神农本草经》将榧实列为上品，曾记述到"彼子味甘温，主腹中邪气，去三虫，蛇蛰，蛊毒，鬼痓伏尸"，认为榧实能祛邪，去毒，治疗脑、胸、腹疾病。公元6世纪初陶弘景《名医别录》载："彼能消谷，助筋骨，行营卫，明目轻身，令人能食，多食一二斤①亦不发病。"指出榧实具有助消化、助筋骨、明目、保健等功能。

3．香榧的分类

香榧是经过自然变异形成的经过人工无性繁殖的一个优良品种。据《中国经济林名优产品图志》介绍，香榧分细榧、米榧、芝麻榧、獠牙榧、旋纹榧、茄榧、大圆榧、中圆榧、小圆榧等九个品种类型，其中以细榧为最佳。细榧外壳的表面洁净黄亮，种衣呈深褐色，核仁微白淡黄，是香榧中的精品。香榧品质不同，最主要的原因就在于品种差异。

4．香榧的选购方法

在每年香榧上市的时候，很多人都喜欢去购买这种干果。选购香榧

---

① 斤为非法定计量单位。1斤=500克。——编者注

要谨防吃亏上当。真正香榧的两端，是一头呈尖状，另一头呈尖而圆状，果实瘦长。如果果实个体较大，一头尖，另一头圆肥，则为质地较差的"木榧"。

挑选妙招1：果实较大的香榧质更优，这是因为大颗果实生长周期长，富含更多的营养成分。香榧是一种"三代果"，意思是香榧第一年开花，第二年结果，第三年成熟，成熟的时间要一年之久。所以香榧的果实大小实际就衡量了香榧成熟过程所需的时间了。

挑选妙招2：挑选更加饱满的果实。饱满的果实是自然成熟的，口感细嫩、香味更佳。越是饱满的果实越有口感，吃起来口味也越独特，营养价值也就越高。

挑选妙招3：果实的颜色自然、大小均匀。果实颜色均匀代表了香榧生长过程中的各方面的条件良好，风调雨顺，没有受到特殊灾害天气的影响，其果实也更佳。

挑选妙招4：壳薄而脆的香榧子特别好剥。香榧自然成熟后，果肉和果壳是慢慢分离的，自然特别容易剥开。而成熟不够的香榧壳和肉连在一起，很难剥开。

5. 香榧的储藏方法

吃

怎样保存香榧

扫一扫，了解更多吃的科学

香榧的采摘时间一般在9月上中旬，由于所处海拔、土壤、光照等地理条件不同，以及树龄、施肥、喷药和管理水平不同，导致香榧各单株之间、甚至同株榧树的各个枝条之间的香榧果成熟时间不同，因而不能统一采摘。种子在后熟处理中，榧蒲采摘后，马上将其运输到堆放地进行后熟处理。用木板把不同批次的榧蒲隔开堆放，堆积高度不超过25厘米，堆放环境阴凉，四周通风，堆放3天左右。经过后熟腐烂，假种皮与榧壳易剥离时，及时剥去假种皮。剥去假种皮后，用木板把不同批次的毛榧隔开堆放，堆积高度不超过25厘米，堆放环境阴凉，四周通风，隔5天上下翻动1次，翻动后盖上遮阴网，堆积放20天以上。剥开榧壳仔细观察内种衣，当内种衣由紫红色全部变为深褐色时，毛榧脱涩完成。用水将脱涩后的毛榧分批洗净晒干。选择晴朗天气，从早上9点至下午5点放在晒坪上晒，隔1小时翻动1次。注意在早上10点半至下午1点半的高温时间段，必须用遮阴网遮挡强烈的太阳光，以防毛榧受热不均引起榧壳爆裂。当毛榧重量达到晒前的85%左右时即可进行贮藏，分批次贮藏半个月以上。

日常购买的香榧如果想较好保存，参考以下几种方法：

①放在干燥的环境里：香榧一定要放在干燥的环境里，以免受潮，一般通风好的地方更好，放在朝阳的房间里也不错。要用塑料袋等包扎好再保存。

②放玻璃瓶里密封：比较稳妥的保存香榧的方法就是放在密闭容器里，相比与塑料瓶，玻璃瓶要好一些，玻璃性质稳定，不会挥发有害物质，玻璃瓶要保证干燥干净后再放入香榧。

③放点茶叶防变潮：如果不放心，可以在储存香榧时放一些茶叶，茶叶能吸潮，以保证香榧不会受潮。茶叶不宜放过多，根据香榧数量放一些即可。

④适当使用干燥剂：如果储存的香榧比较多，可以使用适当的干燥剂，这样存放干果的效果最好。但是注意干燥剂不要误食，特别是不能让小孩拿到，以免误食。

⑤放在冰箱里储存：如果在夏天，室内温度高，可以密封后放冰箱冷藏，尽量减少与空气、水分的接触，香榧容易遭异味渗透，应避免和有刺激性气味的食品存放在一起，如葱、蒜及香味浓烈的水果、海产品等。

（十五）橡子

1. 橡子的故事

还记得那部著名的动画电影《冰河世纪》吗？里面那只名叫Scrat的松鼠为了把一颗坚果藏起来引发了冰山的倒塌，从而打开了通向新世界的大门。这颗一直被Scrat追逐的坚果就是橡子。

橡子是橡树的果实，形似蚕茧，别名：芋栗、橡栗、皂斗、橡子、栎子、

橡子

抒斗子、栎木子、柞子、麻栎果。外表硬壳，棕红色，内仁似花生仁，含丰富的淀粉，既可食，又可作纺织工业浆纱用的原料。

唐代诗人皮日休有一首《橡媪叹》，诗中写道："秋深橡子熟，散落榛芜冈，伛伛黄发媪，拾之践晨霜。移时始盈掬，尽日方满筐，几曝复几蒸，用作三冬粮……"从诗中可以看出，在唐代末期，橡子已经是民间的一种粮食。在欧洲、亚洲、北非、中东和北美，对橡子的开发利用也已有6 000多年的历史。橡子是北美印第安人重要的食物来源。在意大利和西班牙的贫困地区，橡子占据了当地食物比例的25%，多被用于生产面包、蛋糕及作为咖啡的替代品。如今，对于橡子的利用，尤其是橡子淀粉的利用，主要集中在朝鲜，此外还有中国和日本也利用较多。

橡子与橡子树

2. 橡子的营养价值

医药学家孙思邈说："橡子既不属果类又不属谷类，但却最益人，凡服食者还不能断谷的，吃此物最佳。无气则给予气，无味则给予味，消食止痢，使人健无比。"据明朝李时珍《本草纲目》的记载，橡子富含的微量元素对人体有收敛和调理脾胃、排毒、减肥等保健作用，具有很高的药用价值。现代科学研究表明，橡子仁各营养成分的含量大致如下：淀粉50%～70%、可溶性糖2%～8%、单宁0.26%～17.74%、蛋白质1.17%～8.72%、油脂1.04%～6.86%、粗纤维1.13%～5.89%、灰分1.30%～3.40%，具体值因品种而异。总体来说，橡子仁的营养价值接近或略低于玉米，但略优于稻谷。

氨基酸：橡子蛋白中含有的18种氨基酸中人体不能合成的苯丙氨酸、异亮氨酸等必需氨基酸的含量尤其丰富。这些氨基酸在体内能促进细胞新陈代谢，激发脑垂体激素和肾上腺激素的分泌，促进微循环，提高机体活力。橡子中含量最低的氨基酸是胱氨酸，其次是色氨酸、蛋氨酸，但谷物类的限制性氨基酸精氨酸和赖氨酸的相对含量分别高出玉米52%和68%。

油脂：橡子油含有7种主要的脂肪酸，其中不饱脂肪酸和必需脂肪酸的含量为总脂肪酸含量的79%和76%。如蒙古栎橡子的脂肪酸组成主要以亚油酸（50.98%）、油酸（29.41%）为主，表明橡子油有益于降脂、抗血栓、预防高血压、预防心血管等疾病。

微量元素：橡子中锌、铁的含量稍低于玉米和高粱，但钾、钠、钙、镁、钴、锰的含量均高于玉米和高粱。此外，橡子含有其他生物很少含有的微量元素钒，钒能在人体内控制血浆和组织中的脑酸浓度，控制磷脂氧化和COA⁻脱酰酶的活性，肥胖者长期食用，能达到减肥、降脂、养颜排毒的功效，从而控制和延缓人体衰老。

其他生物活性成分：橡子仁含有单宁、没食子酸与逆没食子酸、黄酮类物质等多酚化合物，它们都有很高的抗氧化活性。

3. 橡子的分类

橡树又名栎树，是对壳斗科栎属植物的通称。全世界共有橡树300多种，我国有60种左右。我国是世界橡子的主要产地之一，我国北方著名的橡树有辽东栎、蒙古栎，南方有青冈栎、高山栎、刺叶栎等，南北均有的有栓皮栎、麻栎、槲栎、柞栎等。不同种类的橡树结出的橡子也具有不同的形态。陕西省是我国橡子资源大省，橡树分布总面积达3 000万亩，遍及全省7市的31县，约占全国总面积的50%左右。其中以秦巴山区的汉中、商洛和安康三市为主，橡子年产量可达600万吨以上，约占全国的1/3左右。下面列举几种主要的橡树品种：

①辽东栎：壳斗科栎属，落叶乔木，主要分布于黑龙江、吉林、辽宁、河北、河南、山东、四川、甘肃等省。生于山坡，常与山杨、白桦、油松混交或成纯林，耐寒。壳斗杯状，种子含淀粉，可酿酒，作饲料。

②麻栎：落叶乔木，高可达25米，树皮暗灰色。树种优良、喜光、喜

高温，宜在湿润气候和土质肥的地方生长，易受冻害。山东、河南、河北、辽宁、吉林、甘肃、江苏、江西等省都有分布。壳斗杯形，包围坚果1/2；果实卵球形或长卵形，直径1.5～2厘米；果脐隆起，其种子含淀粉和脂肪（油），可酿酒和作饲料，油可制肥皂；壳斗、树皮可提取烤胶；木质坚硬、耐磨，可供机械用材；果可入药，涩肠止泻，消乳肿；树皮、叶煎汁可治疗急性细菌性痢疾。

③栓皮栎：落叶乔木，高可达25米；木栓层发达，树皮深纵裂，黑灰色。喜光、喜温、耐干旱、不耐寒冷。壳斗碗状，包坚果2/3以上；坚果球形，直径约1.5厘米，顶圆微凹。主产地为辽宁省以南，特别是山东、湖南、湖北、江西、云南、浙江等省。生于海拔300～800米的向阳山坡。栓皮为软木工业原料，壳斗含鞣质，果实含淀粉，可酿酒。

4. 橡子的选购方法

挑选橡子时应选取无虫蛀、无霉变、成熟的、籽粒完整的橡子。由于橡子一般家用购买较少，常见于大宗加工用，因此品质的抽检尤为重要，防止掺杂掺假、变质和非法添加。

5. 橡子的储藏方法

橡子一般在9月上旬至10月中旬成熟，当外壳变成黄褐色和栗褐色的时候，就可以用棍子将其打落，再从地上收集。在敲打以前，最好把树下的杂草、石子和土块清理干净。

橡子是最难贮藏的种子，它怕干、怕湿、怕冻、怕热。如果把刚采下的橡子堆成大堆，隔1～2天就会发热、出芽，时间再长就要变黑。另外，橡子容易生虫子，采回以后，要倒在盛有凉水的桶里或缸里，大约浸一昼夜，让生了虫的橡子漂起来，剔除。还可人工把有虫孔、变黑的橡子挑出去。把橡子捞出以后，摊成5～6厘米厚的薄层，使它自然阴干，当干到重量相当于刚采集时的90%～85%时候，用小刀切开橡子查看，如果橡仁光滑，没有皱纹，就算干透了。如果橡仁已经生了皱纹，就是晾晒太干了。橡子常见的贮藏方法包括以下3种：

①常温法：如果采集的橡子不多，可把它装到透气的竹篓或荆条筐里，放在背阴通风的地方，上面盖些叶子贮藏。注意冬天寒冷的时候，及时增加覆盖保温，以防受冻。

②砂藏法：采集橡子比较多的时候，可以在土地干燥、空气流通的屋子里或者草棚里选一块地方，地上先洒一点水，铺20～25厘米厚的湿砂子，砂子上铺两三个橡子这样厚的橡子，再铺两三个橡子这样厚的一层砂。这样依次铺上去，铺到60～70厘米高的样子，就算铺好了。铺得太高容易发热，导致橡子霉烂。也有人把1份橡子和2份砂子混合均匀，起堆50～70厘米，在屋内常温贮藏。

③沟藏法：先找一块高燥、背阴的地方，在晴天挖一个1米宽、35厘米深的沟。挖好沟后，先铺一层15～20厘米厚的砂子，上面铺7～8厘米厚的橡子，再铺7厘米的砂子，依次铺上来，到离沟沿45～50厘米的时候，用砂子在沟上作一个凸出的小沙堆。为了保证沟里通气良好，可以每隔1米远埋1个用20根高粱秆扎成的通气把，通气把要高出小沙堆30厘米以上。假如挖的沟很长，为了避免橡子发热霉烂，防止有病的橡子传播病害，可以把长沟按1.6米分段，每段之间用25～30厘米砂子隔开。整个沟做好后，可以在沟的周围挖一条15～20厘米深的排水沟，预防雨水流到沟里。春天如果遇到持续升温，为了防止橡子发芽，可在沟上撒雪或铺冰块；冬天遇到持续低温，可以盖禾草保温。

（十六）葵花籽

1．认识葵花籽

葵花籽简称瓜子，是我们日常生活当中最为常见的一种小零食。虽然如今的零食五花八门，比瓜子好吃且营养的食物随处可见，但葵花籽一直是大家的最爱，尤其是北方人民，在秋冬季和喜庆的节假日都离不开葵花籽。葵花籽不仅好吃，且特别打发时间。所以，一直以来，葵花籽都是人们生活休闲不可缺少的食品。

葵花籽在不同的地方叫法不同。比如，安徽灵璧称呼葵花籽为转莲，可能是觉得向日葵随着太阳转动，且其外形又很像莲花而得名吧；在吉林和黑龙江等地称为"毛嗑"，可能与向日葵从俄罗斯传入中国有关。在蒙古语中叫"那仁花"，意为太阳花的意思，很多蒙古族女同胞的名字就取作"那仁花"。葵花籽是向日葵的籽实。向日葵属于菊科向日葵属。为一年生草本植物。别名葵花，我国古籍上又叫西番莲、丈菊、迎阳花等，在欧洲叫太阳花，还有些国家叫太阳草、转日莲、朝阳花等。向日葵原产北美西南部，本是野生种，后经栽培观赏，迅速遍及世界各地，16世纪初传入欧洲，后传入我国并至少已有近400年的栽培历史。

近20年来，葵花籽生产发展很快，世界葵花籽产量仅次于大豆。葵花籽因为其含有大量的高营养油而成为重要的油料作物之一。生产葵花籽的国家有阿根廷、俄罗斯、法国、中国、西班牙、美国等。目前在我国栽培较广，东北地区尤其是吉林省西部地区是主要的葵花籽种植地区，其温度、湿度、太阳照射时间、土壤等最适合葵花的生长，与其他地区相比，其产量和品质更胜一筹。

葵花籽

向日葵

2. 葵花籽的营养价值

葵花籽这种松脆的种子具有很高的营养价值，是人体摄取维生素A、维生素E、维生素B_1和维生素B_6、叶酸、烟酸的极好来源。每100克可使用的葵花籽中含有约35.17毫克的维生素E。它们含有大量的铜、锰、硒、镁、磷等矿物元素。它还富含大量的不饱和脂肪酸、亚油酸和油酸等脂肪酸。向日葵种子也是蛋白质和多种氨基酸极好的来源，对孩子的成长至关重要。

(1) 调节甲状腺功能

葵花籽中富含硒元素。缺硒是导致甲状腺功能紊乱的因素之一，包括甲状腺功能亢进和甲状腺功能衰退也和缺硒有关，所以补充硒可以让甲状腺更好地发挥作用。

(2) 降低癌症风险

葵花籽可以增强免疫功能，从而降低患癌风险。葵花籽中高含量的维生素E和纤维素可降低患结肠癌的风险。葵花籽中的硒元素可以增强细胞DNA的修复功能，有助于受损细胞的恢复，抑制癌细胞增殖以及加速癌细胞的损毁。

(3) 防止心脑血管疾病

向日葵种子也可以防止心血管疾病的发生。研究表明，经常摄入适量量的维生素E的人因心脏病死亡的风险要比一般人低很多。胆固醇被氧化后会黏着在血管上，引发动脉硬化，阻塞动脉，导致心脏病发作和中风。而向日葵种子富含的维生素E可阻止自由基氧化胆固醇，可降低血液中胆固醇的水平。

(4) 促进皮肤健康

每天适量食用葵花籽可以增亮肌肤。葵花籽中含有对抗紫外线（UV）的成分，有助于保持皮肤年轻和美丽。葵花籽所含营养成分有助于防止留疤，防皱纹和细纹。其所含人体必需脂肪酸如油酸和亚油酸提高皮肤弹性，使皮肤柔软，光滑。

(5) 舒缓情绪紧张

向日葵种子具有安抚神经、缓解压力和偏头痛的作用。葵花籽中的镁元素与钙元素具有协同作用，两者一起调节神经和肌肉紧张度。镁可以防止钙渗入神经细胞和激活神经细胞，这有助于保持神经放松。镁的缺乏会导致神经细胞变得异常活跃，导致神经冲动过多和过度收缩。

3. 葵花籽的分类

葵花籽按其特征和用途可分为三类：

(1) 食用型

籽粒大，皮壳厚，出仁率低，约占50%左右，仁含油量一般在40%～50%。果皮多为黑底白纹。宜于炒食。

(2) 油用型

籽粒小，籽仁饱满充实，皮壳薄，出仁率高，约占65%～75%，仁含油量一般达到45%～60%，果皮多为黑色或灰条纹，宜于榨油。

(3) 中间型

这种类型的生育性状和经济性状介于食用型和油用型之间。

4. 葵花籽的选购方法

葵花籽在老百姓中也称为"瓜子"，但实际上和瓜类种子的"瓜子"没有关系。葵花籽和瓜子相比壳更易嗑开，食用也方便，市场、超市等均有销售，是人们休闲生活不可缺少的食品。

在选择葵花籽时需注意以下几点：

(1) 看壳色

壳色基本一致，有自然光泽，颗粒饱满的质好；壳面浑浊，说明葵花籽贮存时间较长或陈旧，或在生长或贮藏期受到霉菌等污染，这样的葵花籽仁品质下降，不香。

(2) 看壳形用指捏

壳形饱满、颗粒均匀、壳形完整者为优质；壳形瘪瘦、颗粒不均匀、甚至有虫眼的不完整粒者质次，是白秕品。挑选时用食指和拇指捏一捏，有紧实感的葵花籽其仁肉肥厚饱满；而指捏感到稍紧实的，其仁肉则一般；指捏壳瘪的，仁肉则瘦或是秕粒。

(3) 看干湿

用牙嗑葵花籽时易裂、声脆，籽仁落地声音实而响的，比较干；用牙齿嗑不易开裂，声轻或无声者，说明葵花籽受潮。

(4) 看籽仁色泽

籽仁肥厚、松脆、片大均匀、色泽乳白者质优；若是灰色、暗红色或黑色则说明葵花籽质次或已变质。

(5) 用口尝

优质葵花籽有葵花籽固有香味和淡淡的乳香；有哈喇味或呈霉味者说明已变质，籽粒被虫蛀，不完整的葵花籽，食用时会产生苦味，不要购买。

5. 葵花籽的储藏方法

葵花籽买回后最好放在密封容器如密封袋或密封罐中储存，应注意防潮、防虫。有些葵花籽是现场炒制的，也有的是加了各种调料如盐、糖、花椒、大料等煮制后烘干而成，也就是五香味等各种调味的葵花籽。不管哪一种，葵花籽产品是干制品，一定要注意防潮贮存。如果葵花籽受潮变"皮"了，可以放入烤箱或微波炉重新加热，让水气挥发，就又变得香脆可口了。

（十七）西瓜子

1. 认识西瓜子

西瓜子为葫芦科植物西瓜的种子，可供食用或药用。西瓜的原产地在非洲热带的干旱沙漠地带。考古学家在埃及古墓中，发现有西瓜子和叶片；在南非卡拉哈里半沙漠地区，迄今为止，仍有野生西瓜种；西瓜有耐热、耐旱的特点，南非小气候环境和风土条件也非常适合西瓜生长，所以，一般认为西瓜起源于非洲。西瓜的传播首先从埃及传到小亚细亚地区，一直沿地中海北岸传到欧洲腹地，19世纪中叶移植到美国，又进入北美和南美。另一支则经波斯向东传入印度；向北经阿富汗越过帕米尔高原，沿丝绸之路传入西域、回纥，引种到中国内地。

平时消费者在商店中购买的西瓜子其实并不是经常吃到的西瓜的籽实，而是来自专门用于瓜子生产的西瓜，叫籽用西瓜，又叫"籽瓜"，是西瓜的一个变种。由于长得比较结实，需要拳打脚踢才能弄开，所以又叫"打瓜"。

籽瓜和一般的西瓜一样，对土壤肥力消耗很大，一般收过一茬后，需要让土地休息几年。这对于大规模连片种植的地区来说是一个不小的挑战。为了提高农田生产效率，农业技术人员发展了间作和套种技术。比如籽瓜和棉花间作（同时播种），或和毛豆、玉米套种（不同时播种），可以提高土地生产效率，增加农民收入。

籽瓜

西瓜子

2. 西瓜子的营养价值

西瓜子性味甘，性平，无毒；具有利肺、润肠、止血、健胃等功效。其种子富含油脂、蛋白质、戊聚糖、淀粉、粗纤维、α-氨基-β-（吡唑基-N）丙酸，又含尿素酶、α-半乳糖苷酶、β-半乳糖甙酶和蔗糖酶。另外还含有钙、镁、铁、锌等微量元素和多种维生素，不过西瓜子的维生素的含量很低，其主要营养价值如下：

①西瓜子有清肺化痰的作用，对咳嗽痰多和咯血等症有辅助疗效。《随息居饮食谱》记载"生食化痰涤垢，下气清营；一味浓煎，治吐血，久嗽"。

②西瓜子富含油脂，有健胃、通便的作用，没有食欲或便秘时不妨食用一些西瓜子之类的种仁。

③西瓜子的脂肪富含不饱和脂肪酸，有降低血压的功效，并有助于预防动脉硬化，是适合高血压病人的零食。

④西瓜子还含一种皂苷样成分，名为Cucurbocitrin，有降压作用，并能缓解急性膀胱炎之症状。

3. 西瓜子的分类

按瓜子壳的颜色分为红子瓜和黑子瓜，按瓜子大小又可以分为大片、中片、小片。目前中国黑瓜子是市场主流，大片瓜子或红壳瓜子是小众品种。

目前中国的籽瓜种植基本呈现"南红北黑"格局。其中红籽瓜主要分布在广西、江西、宁夏、内蒙古，黑籽瓜主要分布在新疆、甘肃、内蒙古。黑籽瓜起源于甘肃一代，典型特征是黑边白心，因此又叫牛眼或凤眼。中国著名地方品种有甘肃兰州大片黑籽瓜、靖远大片黑籽瓜、内蒙古五原黑籽瓜、吉林小黑籽等。红籽瓜又名"喜籽瓜"，它的瓜子一般比黑籽瓜小，多数种植在南方，但种植面积远小于黑籽瓜。著名地方品种有江西信丰红籽瓜、广西信都红籽瓜、宁夏平罗红籽瓜等。

我国是籽瓜种植最多的国家，红籽瓜的种植历史很也悠久，最早的史料记载可以追溯到1664年江西省信丰县。黑籽瓜的历史记录则晚了一个世纪，史料记载1774年在甘肃省皋兰县有种植。国内的黑籽瓜品种基本上都是陆续从甘肃中部传过去的。国外黑籽瓜主要产地是泰国，但其实也是1950年前后从甘肃引进的籽瓜品种。

4. 西瓜子的选购方法

西瓜子是人们喜欢的食品，但市场上的瓜子产品质量良莠不齐，但是哪一种是好的呢？具备一双慧眼非常重要！

首先，要看色泽，完美的瓜子颜色应自然，带有植物种子自然的光泽度，而不应艳丽异常。黑瓜子的壳应是边缘黑，有的全黑或黑中带红。壳开饱满，颗粒均匀者质优；壳色灰浊或壳有麻花斑纹，壳色黄浊，壳形瘦瘦，颗粒不匀者质次；嫩子、白秕为劣品。有些瓜子表面非常光亮，很有可能是通过特殊加工进行抛光的结果，最好不要选择。

其次，购买瓜子类产品应该注重品牌，散装的"三无"瓜子最好谨慎选择，因为这类瓜子大多是小作坊产品，质量和卫生都难以保证。

再次，观察瓜子外形是否饱满，应没有发霉、炒焦、发芽、生虫的现象。子仁肥厚，松脆，片大均匀，色泽白净者质优；白而萎或中心带红，仁肉黄熟则质次或已变质。

最后，最好能品尝一下，有香甜味者质优，有哈喇味呈霉变者已变质。如果以上条件都能打高分，那么恭喜你买到了高质量的好瓜子。

总之，挑选黑瓜子应选择壳色黑白分明、有光泽、壳硬饱满、壳面平整、片粒整齐、身干、仁肉肥厚、白净有光泽、无哈喇味的为好。

5. 西瓜子的储藏方法

西瓜子买回后最好放在密封容器中储存，应注意防潮、防虫。有些瓜子是在摊位现场炒制的，因此买回时西瓜子往往还是温热的，遇到这种情况，要把西瓜子先晾凉然后再装入容器中，否则容易造成水气凝集而导致瓜子受潮。如果西瓜子受潮变"皮"了，可以放入烤箱或微波炉重新加热，让水气挥发，使瓜子又重新回到香脆可口的状态。

（十八）南瓜子

1. 认识南瓜子

说到南瓜大家都很熟悉了，《西游记》里有一个说唐太宗招募刘全去阎王殿进献南瓜的故事，阎王得到南瓜大受感动，遂遣他夫妻灵魂双双还阳。冬至是"一阳来复"之时，一年中白天最短，黑夜最长的日子，古人认为是年中阴气盛到极点，而阳气再一次开始发动之时，其意思与刘全的死后重生有相通之处。此时大家吃南瓜，祈祷一家无病无灾。有些地方还有这样的风俗：让小孩在阴阳交接，阳气初起的半夜起来，站在床沿上将一个南瓜摔破在地上，表示破除旧年的阴霾，迎接生命新气象的重新开始。

我们平常吃的南瓜子就是来源于南瓜。南瓜子又叫白瓜子、金瓜子，是日常生活中很常见的一种坚果了。可用来榨油、制罐头、加工成干香食品等。

2. 南瓜子的营养价值

南瓜本身就有丰富的营养成分，含有大量的碳水化合物、类胡萝卜素和维生素C等，并可提供丰富的膳食纤维和果胶物质。从后页表10可以看出，不论是裸仁南瓜子还是中国、印度和美国南瓜子均富含蛋白质，其含量为35%~42%，这个含量和大豆的蛋白含量差不多；脂肪的含量较高，为

35%～59%，是大豆的2倍还多，与花生、油菜籽、芝麻等差不多。其中不饱和脂肪酸含量最高达到了80%。南瓜子中含有的矿物元素也有很大差别（见表11），裸仁南瓜子中铁、铜、钙、锰、锌的含量远高于其他三类南瓜子，尤其是裸仁南瓜子的铁含量是普通南瓜子的100倍，锌是15～18倍，锰和钙分别是5和2倍；而中国、印度和美国南瓜子中的镁和钾的含量每100克分别达到了420～828毫克和500～1 137毫克，远高于裸仁南瓜的61毫克和413毫克。铁、镁、钾等微量矿物元素具有润肺、化痰、消痛和利尿等功效，不仅能够明显地降低血清胆固醇和甘油三酯，起到预防和缓解心血管疾病的作用，而且还具有防治前列腺疾病，治疗寄生虫病等作用。

表10　四个品种南瓜子的基本营养成分比较

	裸仁南瓜子	中国南瓜子	印度南瓜子	美国南瓜子
千粒重（克）	122.9±2.05	115—123	149～338	90～212
出仁率（%）	100	76～78	47～74	77～81
水分（%）	5.64±0.03	5.81	5.85	4.71
灰分（%）	3.84±0.12			
粗脂肪（%）	39.22±0.86	40.52～41.27	37.94～59.36	35.00～52.54
不饱和脂肪酸（%）	82.53±0.57	71.64～79.29	28.35～80.84	58.89
粗蛋白（%）	35.64±0.88	42.08	38.31	40.46
粗纤维（%）	16.30±1.26	6.58	7.83	8.32
可溶性还原糖（毫克/100克）	35.6±1.03	56～58	49.17～76.53	49～75
淀粉（毫克/100克）	10.7±0.61	17～20	14～20	14.5～20

表11　四种南瓜子的主要金属元素含量（毫克/100克）

矿物元素	裸仁南瓜子	中国南瓜子	印度南瓜子	美国南瓜子
铁	870.44	8～10	7～14	7～9.3
铜	15.67	1.4～1.6	1.1～1.5	0.8～2.1
钙	83.89	33～76	25～99	2～57
镁	61.34	728～775	485.6～700	420～828
锰	14.13	3.8～4.4	3～5.5	2.4～5.6
锌	131.78	8.3～10	7.7～15.7	7.1～10.9
钾	413.6	887.8～912.5	500～1 138	626～1 173
钠	6.67	5.7～12.3	0.5～34	0.63～14.3

(1) 杀灭寄生虫

南瓜子有很好的杀灭人体内寄生虫（如蛲虫、钩虫等）的作用。对血吸虫也具有很好的杀灭作用，是血吸虫症的首选食疗之品。

(2) 解毒

南瓜子内还含有维生素和果胶，果胶有很好的吸附性，能黏结和消除体内细菌毒素和其他有害物质，如重金属中的铅、汞和放射性元素，能起到解毒作用。

(3) 助消化

果胶还可以保护胃胶道黏膜，免受粗糙食品刺激，促进溃疡愈合，适宜胃病患者食用。南瓜子所含成分能促进胆汁分泌，加强胃肠蠕动，帮助食物消化。

(4) 防治糖尿病

南瓜子中含有丰富的钴，钴能活跃人体的新陈代谢，促进造血功能，并参与人体内维生素B_{12}的合成，是人体胰岛细胞所必需的微量元素，对防治糖尿病、降低血糖有特殊的疗效。

(5) 防癌

南瓜子有能消除致癌物质亚硝胺的突变的作用，有防癌功效，并能帮助肝、肾功能的恢复，增强肝、肾细胞的再生能力。

(6) 促进生长发育

南瓜子中含有丰富的锌，参与人体内核酸、蛋白质的合成，是肾上腺皮质激素的固有成分，为人体生长发育的重要物质。

(7) 降压、防止牙龈萎缩

对于老年人来说，常吃南瓜子有助于降压。南瓜子含有丰富的泛酸，这种物质可以缓解静止性心绞痛，并有降压的作用。除此之外，南瓜子还可防治牙龈萎缩。南瓜子富含对牙龈和牙槽骨非常重要的两大类营养物质。一是含有大量的磷，每100克南瓜子仁含磷1 159毫克，老年人牙槽骨萎缩与磷流失有关；二是富含胡萝卜素和维生素E，这两种物质能够直接滋养牙龈，预防牙龈萎缩。

(8) 保护前列腺、改善精子质量

对于男性来说，南瓜子也是很好的养生休闲食品。首先，南瓜子有助于保护男性前列腺。美国研究发现，每天吃上50克左右的南瓜子，可较为有效地防治前列腺疾病。这是由于前列腺的分泌激素功能要依靠脂肪酸，而南瓜子中就富含脂肪酸，可使前列腺保持良好功能。所含的活性成分可消除前列腺炎初期的肿胀，同时还有预防前列腺癌的作用。但有些顽固的患者因为前列腺增生过于严重的，比一般的腺体大12倍以上的，服食就没什么效果了。其次，南瓜子还有助改善精子质量。这是由于南瓜子中含有大量的锌。从西医角度来说，多吃含锌丰富的食物不仅对前列腺有好处，还可以增加精子数量；而从中医角度来说，含锌丰富的食物具有补肾的作用，有助于提高男性生育能力。除瓜子外，榛子、花生等坚果含锌也比较丰富，可以在很大程度上改善精子质量。

3. 南瓜子的分类

南瓜子来源于南瓜，更确切地说是来源于籽用南瓜。籽用南瓜是以种子作为主要食用器官或加工对象的南瓜类的总称，包括咱们的中国南瓜、印度南瓜、美洲南瓜和云南黑子南瓜及其杂交品种等，产品分别称为毛边、白板或雪白片、光板、无壳瓜子（美洲南瓜为主的裸仁）、黑子等。

在我国，籽用南瓜主要分布在黑龙江、吉林、辽宁、内蒙古、新疆、甘肃、云南、山西、四川、贵州等北方省区和南方冷凉山区。并且，籽用南瓜在我国发展历史也很悠久，在近30年的发展中，约占世界籽用南瓜市场份额的70%。

接下来我们就来聊聊我国种植的这些南瓜品种，再来看看它们孕育的产品——南瓜子都有什么不同：

首先是中国南瓜，常见的类型有磨盘南瓜、蜜本南瓜等，它们的南瓜子为毛边南瓜子，边是黄色的且起一层茸毛，又称金边南瓜子，这一类南瓜子也是目前中国最常见的品种，占据了我国主要的消费市场，年产量2万吨左右，口感香中带甜，适合直接食用或炒制入菜，也是良好的中药药材。

毛边南瓜子　　　　　　　　　　　　大白片南瓜子

　　第二种是印度南瓜，又名板栗南瓜、西洋南瓜、金瓜、菜瓜等。这种南瓜的子通体雪白、片型较大，所以称为大白片或雪片南瓜子。主要产于内蒙、东北等地，年产量50万吨，常出口到南亚等国，没有明显的香味。

　　第三种是黑子南瓜，又名吊瓜。原产中美洲至南美洲，现常产于我国四川、重庆、贵州等地，其子外壳黑中带黄，所以被称为黑南瓜子，年产量约5 000吨，有着淡香的口感。

黑南瓜子　　　　　　　　西葫芦子　　　　　　　　裸仁南瓜子

　　第四种是美洲南瓜，说起它的另一个名字大家可能就熟悉了——西葫芦。其实西葫芦子也是一种南瓜子，主要产于我国新疆、内蒙、东北等地，年产量约300万吨，除了我国，也常出口欧美、日韩、南亚等国，其特征是子边呈白色且光滑，所以西葫芦子也被称为光板南瓜子。

最后一种是最近兴起的裸仁南瓜，多为人工选育品种，裸仁南瓜子没有种皮，与普通南瓜子比较起来不用脱壳就可以得到完整无损的果仁，这类南瓜子通常用于深加工。

4.南瓜子的选购方法

南瓜子在选购时，宜选择颗粒比较大而且比较饱满的，表皮比较光滑，触摸起来不会感觉到潮湿，大小均匀的南瓜子是最好的。选购南瓜子最好选择密封包装的产品，因为散装的南瓜子很容易受到细菌黏附或污染。

当然我们买来南瓜，其中的南瓜子也可以留下来自己制作南瓜子，这就需要我们关注南瓜及南瓜子的安全问题，了解正确方法，这样才能获得安全高质量的南瓜子。

5.南瓜子的储藏方法

自己制作的南瓜子，可以采用以下方法制作及储藏：

①晴好天气，开瓜取子。南瓜取子前是要听天气预报的，近3天内没有连续阴雨天，就应立即开瓜取子、晾晒。当日开瓜，当日清洗、不隔夜，取子后不处理的话会霉变，质量会明显下降。湿瓜子晾晒三天后，遇到雨天再收起来，1~2天内

南瓜中的新鲜南瓜子

清洗南瓜子

晾晒不当的南瓜子

不会变质。要让瓜子尽快自然晾干，最好不要用火、热风等烘干，因为温度变化大，受热不均匀容易造成种皮发黄。

②清洗瓜子，去除杂质。瓜子会带有少量瓜瓤、瓜肉、瓜皮等杂质，晾晒时粘在种子上，破坏种皮，延长了瓜子脱水晒干的时间。应采取清水漂洗方法，分离出瓜子。方法是把瓜子倒入水里，刚开始瓜子和瓜皮都浮在水面上，搅动几下，瓜瓤瓜皮等杂质沉到水底，瓜子浮在水面上，捞出水面上的瓜子晾晒。漂洗后瓜子干得快，净度好，有光泽。

③平铺晾晒，确保质量。南瓜子如果晾晒不好会出现霉变等其他变质情况，最好在纱网上晾晒，干得快质量好。将洗净的瓜子铺在纱网上，厚度1厘米，不能太厚，最好是早晨洗出子开始晾晒。若天气晴好，晾晒3天后，瓜子表面干燥，不相互粘连时，也可转到布上晾晒，自然风干。

④沥干水分晾晒。晾晒一天后稍干时再翻子，瓜子湿的时候不能翻子。一般晾晒1天后（12小时左右），瓜子上面绷皮，种皮略干时才能翻子，没绷皮不能翻子。如果瓜子湿时翻子，就会破坏种子外层的保护膜，瓜子种皮就会被水分浸湿，时间长了就会变成土黄色，表面也不光滑，呈现凹凸不平的麻面，里面种仁上的一层绿色膜衣也粘在种仁上，不容易剥离，质量受到影响。

⑤合理贮藏。瓜子经过晾晒完成后，应装袋贮存。没干透的瓜子一掰就会呈现弧状，折不断，这时含水量高于14%叫假干子，假干子装袋就会

变质，要继续晾晒。水分达到10%以下，才能装袋贮存，这时用手抓瓜子沙沙响，用手一搓，外面这层薄膜就掉下来了，用手一掰瓜子种片"啪"一声脆响，就是晾晒完成的标志。南瓜子不宜做冷藏保存，一般放置干燥通风处保存即可，最好能用罐子或密封袋密封保存。

（十九）花生

1. 认识花生

花生，是豆科植物落花生的种子，因是在花落以后，花茎钻入泥土而结果，所以又称"落花生"（学名*Arachishypogaea Linn.*），又由于营养价值高，吃了可延年益寿，故又称为"长寿果"。花生属于植物六大器官的根部分，我国花生产量丰富，作为一种坚果，花生既是下酒小菜也作为零食用。花生外皮粗糙，多数带有方格花纹，果实花生仁内有一层透明薄皮，也就是花生红衣，属于保护组织，颜色以浅红色为主，有少数为深紫色。花生属豆科蔷薇目的一年生草本植物，茎直立或匍匐，长30～80厘米，翼瓣与龙骨瓣分离，荚果长2～5厘米，宽1～1.3厘米，膨胀，荚厚，花果期6～8月。主要分布于巴西、中国、埃及等地。

落花生为重要油料作物之一，种子含油量约45%，因此花生是很好的生产食用植物油的原料，花生米也可以加工成副食品。除食用外，花生也是肥皂、发油等化妆品的原料。油麸为肥料和饲料，茎、叶为良好绿肥，茎可供造纸。

大家经常吃花生，但关于花生的原产地，可能很少有人关注。文献记载有原产巴西、原产中国、原产埃及等3种说法。据记载，哥伦布在1492年发现美洲，不久，西班牙派出Oviedo到海地任管理资源长官，Oviedo于1513—1524年在海地生活。他记载在当时印第安人的园圃中已大量种植花生。花生属有15种，产于巴西及巴拉圭。可见花生原产于南美洲巴西一说较为可信。

至于花生何时引入我国，据现在所了解，明代以前未有记载花生的文献。最早记载花生的文献为1503年（明弘治十六年）的江苏《常熟县志》，随后有1504年（明弘治十七年）的《上海县志》和1506年（明正德元年）的《姑苏县志》。清初王凤九所著《汇书》明确指出，"此神（花生）皆自闽中来"。清初1655年王沄所著《闽游记略》中说："落花生者——今江南亦植之矣。"清檀萃著《滇海虞衡志》（1799）记载，落花生为"宋元间与棉花、番瓜、红薯之类，粤估从海上诸国得其种归种之"，"——高、雷、廉、琼多种之"。因此可以认为约在16世纪初叶或中叶，即明代弘治至嘉靖年间，由华侨将花生种子引进福建、广东，然后逐渐引至他省，成为我国的重要油料植物。

2. 花生的营养价值

花生仁的营养十分丰富，每100克花生仁含脂肪47.5克，蛋白质26.0克，碳水化合物18.6克，纤维素2.40克，钙69.0毫克，磷401.0毫克，钾674.0毫克，铁2.1毫克，钠5.0毫克，维生素B11.14毫克，维生素B20.13毫克，烟酸17.2毫克，维生素C5.8毫克，维生素E41.6毫克等。此外，花生中蛋白含量虽不如大豆，但可提供8种人体所需的氨基酸。花生还含卵磷脂、胆碱、胡萝卜素、粗纤维等有利人体健康的物质，有增强细胞活力、提高脑神经功能的作用。花生含有的人体不能合成的亚油酸甘油脂及亚麻酸、油酸甘油脂等成分，作为维持膜流动的重要物质，有利于细胞膜的酶促反应，同时能对调节人体生理机能、促进生长发育、预防疾病有重要作用，特别是降低血液中胆固醇含量、预防高血压和动脉硬化有明显的功效。不要小瞧花生，它的营养价值可绝不低于牛奶、鸡蛋或瘦肉。

　　具体来说，常吃花生有以下的好处：

（1）提高智力

　　花生仁中含有一定数量的卵磷脂，能经肠道酶的作用转化为胆碱，进入脑内与乙酸结合，生成乙酰胆碱，是促进思维、加强记忆的重要补脑物质。磷脂在生物体内是生物膜的重要组成部分，为细胞中不可缺少的成分。磷脂在人体内广泛存在，存在于细胞膜、线粒体、内质网、高尔基体、微体等细胞器中，也存在于人体的重要组织和器官，包括脑、神经、肝脏、心脏、肾脏、肺等。人脑约含28%～31%的磷脂，人脑中的乙酰胆碱是神经细胞传递信息的化学物质，这种物质能使人精神焕发、充满活力。研究表明，人的精神状态与大脑中的磷脂的含量与代谢有关，花生卵磷脂可水解生成胆碱，胆碱可转化为乙酰胆碱，因而具有健脑功能。

（2）保护皮肤

　　选择节食减肥的人，一定会发现自己的皮肤变得干燥、粗糙，那是由于营养的摄取量不够。而有习惯便秘的人，肠内存留的毒素会伤害人的肝脏，也会造成皮肤的粗糙。这几类人若常吃花生，可以使皮肤保持柔软、细腻和光滑。而花生中含有防止人体发胖、预防高胆固醇血症的物质蛋黄素（也就是卵磷脂、胆碱磷脂）、胆碱、肌糖，因而多吃花生也不会发胖，在节食减肥的同时，若配合花生的食用，皮肤粗糙可获得改善。花生中的维生素E在护肤中的作用是不可忽视的，它能促进人体对维生素A的利用，可与维生素C起协同作用，保护皮肤的健康，减少皮肤发生感染；对皮肤中的胶原纤维和弹力纤维有"滋润"作用，从而改善、维护皮肤的弹性；能促进皮肤的血液循环，使营养物质与水分能被充分吸收，以维护皮肤的柔嫩和光泽。此外，花生也具有强化表皮组织及防止细菌入侵的功效，可用于防治皮肤老化、湿疹、干癣及其他皮肤病。

（3）止血功效

花生具有止血功效，其外皮含有可对抗纤维蛋白溶解的成分，可改善血小板的质量，加强毛细血管的收缩功能，可用于防治血友病、原发性或继发性血小板减少性紫癜，对手术后出血、肿瘤出血及肠胃等内脏出血也有防治的功效。

（4）预防心脏病、动脉硬化

研究发现，花生仁中存在一种生物活性很强的天然多酚类物质——白藜芦醇，其含量是葡萄含量的908倍，达到27.2微克/克，而白藜芦醇正是心脏病、动脉硬化及癌症的天然化学预防剂。它具有重要的生理活性，包括：抑制血小板凝集，调节脂蛋白的代谢。白藜芦醇对铜离子具有强的螯合能力，因此可抑制铜离子所催化的低密度脂蛋白的过氧化。可清除过氧化离子，抑制细胞膜的脂质过氧化。另外，由于白藜芦醇可以自由进入脂质环境，在活体内存在明显的抗氧化活性；对心脏病和动脉硬化的抑制效果扮演重要角色，亦可促进人类肿瘤细胞的凋亡，或是透过肿瘤抑制因子的表达来达到抗肿瘤活性。正是由于白藜芦醇具有这些重要的生理活性作用，它被美国专著《抗衰老圣典》一书列为"100种最热门的有效抗衰老物质之一"。如今，美国宇航局已将花生定为航天食品，花生油、花生酱等富含白藜芦醇的食品将会成为21世纪营养健康的新时尚。在我国，有将白藜芦醇的植物提取物制成降脂、美容、减肥和抗癌的天然保健食品胶囊。

(5) 抑癌作用

花生仁及其制品中存在 β-谷甾醇（SIT），其含量从44毫克/100克（花生粉）到191毫克/100克（未精炼的花生油）不等。未精炼的花生油中 β-谷甾醇含量与大豆油（183毫克/100克）相当。该化合物可抑制癌细胞生长，对结肠癌、前列腺癌和乳腺癌有效。有实验表明，食用 β-谷甾醇油等植物甾醇可干扰肠对胆固醇的吸收，从而降低血浆胆固醇的水平。当前世界各国都非常重视花生和花生油的研究与发展，花生膳食将在预防现代社会"富贵病"方面日益显出其更重要的价值。

(6) 抗氧化作用

花生仁中含有黄酮和酚类化合物等植物化学成分，这类物质是指仅在植物食品中发现的独特物质。研究证实，植物化学成分具有抗氧化、抗衰老、抗癌和预防其他疾病的作用。黄酮类化合物是公认的天然抗氧化剂，同时还能显著提高人体SOD活性，因而能稳定和清除自由基，减少脂质过氧化物和脂黑素的生成与沉积。黄酮类物质参与了磷酸与花生四烯酸的代谢、蛋白质的磷酸化、钙离子的转移、自由基的清除、抗氧化活力的增强、氧化还原作用、螯合作用和基因的表达；黄酮类化合物还能抵制脂肪氧化酶催化反应，有抗衰老、抗氧化、抗炎症、抗过敏、抗化学毒物、防止血管栓塞等作用。

(7) 可预防心血管疾病

Ancel Key等在对17个国家的单不饱和脂肪酸和碳水化合物取代饱和脂肪酸的比较研究中发现，地中海地区的饮食中使用大量的含有单不饱和脂肪酸的油脂。研究发现，地中海地区尽管有很高的脂肪摄入量（33%～40%），但冠心病患病率和血清胆固醇含量都很低。典型的地中海国家（西班牙、意大利和希腊）膳食中含有的橄榄油（单不饱和脂肪酸含量丰富）能提供14%～40%的总能量。地中海膳食有许多方面与典型的美国膳食不同，但公认的观点是少摄入饱和脂肪酸可防止冠心病的发生，摄入单不饱和脂肪酸和多饱和脂肪酸也会降低心血管疾病发生的危险性。流行病调查表明，膳食中的高单不饱和脂肪酸对降低冠心病的危险性有很好的作用。与饱和脂肪酸比较，单不饱和脂肪酸能降低总胆固醇和LDL胆固醇水平；与碳水化合物相比，它增加了LDL胆固醇水平和降低了甘油三酯水平。最后结论认为，单不饱和脂肪酸减少了冠心病发生的危险性。

3. 花生的分类

花生适宜气候温暖、生长季节较长、雨量适中的沙质土地区；在我国，山东生长最佳。现在世界各地已经广泛栽培。

市面上看到的花生多种多样，大家也一定对花生的品种分类很好奇。我国栽培的花生品种极为丰富，习惯上根据花生籽粒的大小分为大粒花生和小粒花生两大类型。此外还可按生育期的长短分为早熟、中熟、晚熟三种；按植株形态分直立、蔓生、半蔓生3种；农业部门根据花生荚果和籽粒的形态、皮色等将其分为四大类，其主要特征如下：

（1）普通型

即通常所说的大花生。荚壳厚，脉纹平滑，荚果似茧状，无龙骨。籽粒多为椭圆形。普通型花生为我国主要栽培的品种。

普通型花生   蜂腰型花生

(2) 蜂腰型

荚壳很薄，脉纹显著，有龙骨，果荚内有籽粒3颗以上，间或有双粒的，籽粒种皮色暗淡，无光泽。

(3) 多粒型

果荚内籽粒较多，呈串珠形。夹壳厚，脉纹平滑。籽粒种皮多红色，间或有白色。如著名的有"四粒红"。

多粒型花生   珍珠豆型花生

(4) 珍珠豆型

荚壳薄，荚果小，一般有二颗籽粒，出仁率高。籽粒饱满，多为桃形，种皮多为白色。

4．花生的选购方法

花生目前是我国重要的经济作物、油料作物和出口创汇作物。现常年种植面积接近500万公顷，占世界总种植面积的20%，居世界第2位；产量接近1 500万吨，占世界总产量的40%，居第1位。可见花生在我国农业发展中的重要性。但是花生在田间管理、收获、晾晒、储藏、运输和加工过程中常遭受黄曲霉菌的污染而产生黄曲霉毒素，这对

被真菌污染变质的花生

人类的健康造成了极大的危害。黄曲霉毒素是强致癌物质，其致毒能力比砒霜强60倍，对人畜危害极大。目前，许多国家和国际组织都对生产、出口和进口的花生及其产品作出了严格的黄曲霉毒素限量的规定，以减少对人类的危害。黄曲霉毒素是由曲霉属真菌侵染花生种仁后产生的具有荧光反应的毒性物质，是一类真菌代谢产物。它不是单一的化合物，而是一族结构十分相似的化合物，目前已至少分离出18种，其中黄曲霉毒素B_1是目前发现的毒性最强的天然致癌物质。因此在购买花生时，一定要选择正规渠道，避免买到被污染的花生，同时也要自己做好检查，避免花生在家储存的过程中出现变质。

5．花生的储藏方法

若是购买或者自己刚采摘下来的新鲜花生，因为上面还有灰尘和泥土，要先看看最近的天气如何，如果看天气预报几天内都不会下雨的话，就最

好把花生放在清水里轻轻揉搓，洗干净，洗完后，注意千万不要放在避风的地方，要放在有风的地方。若是当天晚上洗过的花生，放在厨房，第二天上面就有可能长毛了。

新鲜花生

另外，不管清洗或者没有清洗的新鲜花生，都要清理一下里面的杂物，或者没有花生仁的干瘪花生。接着要及时在太阳下晾晒，越猛烈的阳光越好，并且晒的时候要全部摊开，如果挤在一个篮子里面，铺得太厚了也不行，因为这样下面的花生晒不到。像夏末时候的太阳，基本晒上1个多星期，花生里面的水分就会消失，晒得干干的。把晒干了的花生，剥开花生壳，吃吃看，如果感觉花生水分很少，吃起来硬硬的，几乎接近炒熟的花生的状态，就可以停止晾晒了。因为这个时候花生含水量已经低于10%，可以把花生装起来储存了。

储存花生一般选择透气的袋子，像那种麻布袋，其实塑料袋也可以，主要是能通风。因为花生是非常容易长虫子的，为了避免花生长虫子，可以在里面放上几支烟，或者放一些味道重的调料，如茴香、花椒、辣椒等。而且也可以在冰箱里面放上十几个小时，让里面的虫子冻死，这样也利于花生的保存。

装袋的花生一定要放在干燥又通风的地方。不可以让它受潮，一受潮就前功尽弃了。储存的花生最好在半年到一年内及时吃掉，因为放久了还是容易变质长虫子的。变质的花生是有毒的，千万不能吃。在外面买花生的时候，最好也先尝尝，发现有异味的，尽量不要贪便宜买回来。

（二十）莲子

1. 认识莲子

莲是一种历史悠久的植物，在中国已有3 000多年的栽培历史，汉代乐府诗《江南》中就曾有描写采莲的诗句"江南可采莲，莲叶何田田"。莲的分布较为广泛，遍布于我国南北各省，现多自生或栽培在池塘中。在莲的众多品系中最负盛名的四大品系是：福建建宁的建莲，江西广昌的赣莲，湖南湘潭、安乡等地的湘莲，浙江武义、宣平的宣莲。其中，福建建宁和江西广昌分别享有"中国建莲之乡"和"中国白莲之乡"的美誉。

莲子即为莲的种子，又名藕实、水芝丹，秋季果实成熟时采割莲房，取出果实，除去果皮，干燥即得莲子。其味清香，营养丰富。莲子也是一种很有价值的中药。药用时需去皮、去芯。故中医处方又叫"莲肉"。莲子

莲子与长有莲子的莲蓬

的外形呈椭圆或球形，长1.2～1.8厘米，直径0.8～1.4厘米。表面呈浅黄至红棕色，有细纵纹和较宽的脉纹，一端中心呈乳头状突起，为深棕色，多有裂口，周边略有下陷。莲子的质较硬，种皮薄，不易剥离。破开后中间有绿色的莲子芯。

莲子自古以来就与中华文化产生了很多关联。众多莲子在生长过程中，被包裹在莲蓬之中，"籽满莲蓬"正是对它的生动形容，因而在中国有些地方的民俗中，会把莲子作为贺礼之一，赠送给婚宴喜庆的家庭，寓意为"多子多福""子孙满堂"。莲子本身是也蕴藏着勃勃生机的，明代谢肇淛在《五杂俎》中记道："今赵州宁晋县有石莲子，皆埋土中，不知年代，居民掘土，往往得之数斛者，其状如铁石，而肉芳香不枯，投水中即生莲叶……"被埋于土中的中国古莲子，不只存在于赵州宁晋县一处。据载，20世纪初，人们在中国辽东半岛新金县普兰店东郊发现了大量古莲子，1918年初夏，孙中山先生东渡日本，带了中国出土的古莲子4颗，作为礼品之一赠送给日本友人田中隆，对他支持中国民主革命表达感谢之意。之后，田中隆请日本古生物学家大贺一郎对中国4颗古莲子进行研究。大贺一郎对之进行测定，认为它们存在已有千年之久。之后，对它们精心培育，这些古莲子竟萌芽生长出新株。后来，中国、日本、美国、俄罗斯等国人士和中国农民，陆续在普兰店及中国多处地方挖掘到古莲子，经培育研究，有不少也萌发了新株，充分确证了莲子的绵长生机。

莲蓬与莲子

2. 莲子的营养价值

莲子自古以来也被认为是滋补的上品，在民间广为食用。早在汉朝，《神农本草经》便将其奉为上品，书中记述到莲子味甘、涩，性平，具有镇静安神、补中益气、养心益肾、健脾养胃、清腑润脏、聪耳明目、涩肠止泻的功效，适用于病后或产后脾胃虚弱的人食用。在明代李时珍的《本草纲目》中也曾有相似的记载："盖莲之味甘，气温而性涩，禀清芳之气，得稼穑之味，乃脾之果也。脾者，黄宫，所以交媾水、火，会合木、金者也。土为元气之母，母气既和，津液相成，神乃自生，久视耐老，此其权舆也。"

现代研究表明，莲子不仅具有丰富的营养成分，还具有特殊的治疗作用，属于国家卫生健康委员会（原卫生部）批准的"既是食品又是药品"药食两用的植物品种之一。莲子富含蛋白质、脂肪、碳水化合物、维生素和钙、锌、铁等微量元素。每100克干莲子中含蛋白质19.5克，脂肪1.7克，糖类58.9克，维生素B_1 0.23毫克，维生素B_2 0.05毫克，维生素C 7毫克，维生素E 2.78毫克，锌 3.22毫克，还有天门冬素和蜜三糖（棉籽糖）等；莲子的含钙量非常丰富，每100克干莲子中含钙87毫克，磷含量也特别丰富，每100克干莲子含磷550毫克，其中磷可以帮助机体进行蛋白质、脂肪、糖类代谢和酸碱平衡；莲子中的钾元素含量位居所有动植物食品前列，钾对于维持肌肉的兴奋性、心跳规律和各种代谢有着重要作用。

此外，莲子还含有水溶性多糖、黄酮类物质、生物碱和超氧化物歧化酶等生理活性成分。水溶性多糖具有增强免疫、促进淋巴细胞转化的功能；黄酮类物质和超氧化物歧化酶可有效清除人体内自由基，维持活性氧代谢平衡，延缓器官衰老。在氨基酸组成方面，其中组氨酸、精氨酸、酪氨酸含量最为丰富，这是一般食物中所缺乏的。并且组氨酸和精氨酸也是儿童生长发育所必不可少的氨基酸。莲子属于高直链淀粉食物，是糖尿病、胆结石和高血压人群的理想食品，具有防止胆结石形成及降低血液胆固醇的作用。莲子还是一种富含酚类与糖蛋白的物质，具有抗氧化与抗衰老的作用。

莲子芯味道极苦，却有显著的强心作用，能扩张外周血管，降低血压。莲芯还有很好的祛心火的功效，可以治疗口舌生疮，并有助于睡眠。中老年人特别是脑力劳动者经常食用，可以健脑、增强记忆力、提高工作效率，并能预防老年痴呆症的发生。

3．莲子的分类

莲子的质量，依品种、产地、农艺技术、采收季节等不同而有差别。就采收季节而言，大致上将农历大暑前后采收的莲子，称为"伏莲"或"夏莲"，其特点是颗粒大、肉质厚、胀性好、口感酥；将立秋之后采收的莲子，称为"秋莲"，其特点是颗粒小、肉质薄、胀性差、口感硬。而不同处理方法或不同成熟时期的莲子的功效又各有不同，产于夏季的去芯新鲜生莲子，属性偏凉，长于养心安神，并能除烦止渴、涩精和血。而炒过的、去芯的莲子，性平偏温，长于健脾止泻、补肾固精，可用于脾虚泄泻、肾虚遗精。莲实成熟后，坠入池塘淤泥中，经历较长时间会坚硬得像石子，叫做石莲子，又名甜莲子，能涤除热毒，止呕开胃，可治噤口痢。

4．莲子的选购方法

外观上看，优质的莲子颗粒较大，大小均匀，表面整齐没有杂质，颜色为淡淡的黄色，有明显的光泽。而一些劣质的莲子通常有点小，颗粒大小不是特别均匀，一般是有大有小，表面发白，没有明显的光泽。其次是口感上，一般质量较好的莲子比较容易煮熟，味道清香，放一颗到嘴里嚼会听到"嘎嘎"的脆响声,吃完后满口留有香味。而市面上一些质量较差的莲子,煮熟后一般都会粘到一起,放进嘴里香味不是很明显,也听不到脆响声,一般都是放进嘴里就碎了。

工艺手法上造成的差别。所谓的工艺主要指的是莲子的去皮工艺,优质的莲子采用的是手工去皮,不使用任何机器,手工去皮的莲子晒干后表面会有一些比较自然的褶皱。而机械去皮的是使用机器磨皮的莲子,通常是由于莲子的采摘时间过晚,导致莲蓬成熟过老而无法人工去皮,才选择的机器去皮。市场上的莲子多为机器磨皮的莲子,其表面会有残留的红皮;还有一种方法就是化学去皮,使用这种方法去皮的莲子刀痕处会有膨胀,这样的莲子多数为纯白色。

产地的差别。福建省西北部的建宁出产的莲子品质较好。它出产的莲子颗粒较大,采用的是人工去皮,没有添加物。建宁出产的莲子稍煮即熟,口感松软,品质要比其他产地的好一些。莲子的好坏也可以通过泡发来鉴别,简单地说就是把莲子泡进水里,观察其变化。一般优质的莲子,泡发后会比之前的稍大一些,表面比较光滑圆润,摸上去软软的。泡发后的水一般保留比较清澈的状态,没有杂质。而质量较差的莲子泡发后一般比泡发前没什么明显变化,有时水还会变得比较浑浊。

5. 莲子的储藏方法

如果想短期保存莲子,对于成熟的莲子,可剥开莲蓬将莲子一颗颗摘出,保留绿色一层外壳,放入冰箱,以便平常生活中做汤、粥或生食。或用在阳光下晒干,放入封闭的器具内或塑料袋中,可长久保持不易变质,可供一年四季用。若想要长久保存,建议提前把从莲蓬中取出的莲子,外面一层绿色保护壳削去,放在太阳光下晒干;若是喜欢吃不苦的莲子,可以在削皮的时候，连同内部的莲子芯一起取出，这时的莲子芯可以晒干，也可以长久保存；也可直接泡茶喝。天气好的情况下，多晾晒，方可保持长久用。后续可以做粥、汤等，都是上等的营养品。莲子最忌受潮受热，受潮容易虫蛀，受热则莲芯的苦味会渗入莲肉。因此，莲子应存于干爽处。莲子一旦受潮生虫，应立即日晒或火焙，晒后需摊晾两天，待热气散尽凉透后再收藏。晒焙过的莲子的色泽和肉质都会受影响，煮后风味大减，同时药效也受一定影响。

随着人们对莲子功效和营养价值的理解加深，现在已经开发出越来越多的贮藏和加工方法。市场上销售的莲子多以干制品为主。传统莲子干制工艺多采用阳光晒干结合炭火烘烤方法。该方法虽然设备简单，但存在耗时长、难掌控、品质差等缺点。现代的微波干燥技术、真空冷冻升华干燥技术也可用于莲子等农产品的干燥，能充分地保留其固有生理活性。

（二十一）芡实

1. 认识芡实

芡实，又称鸡头米、卵菱、鸡瘫、鸡头实、雁喙实、鸡头、雁头、乌头、鸿头、水流黄、水鸡头、刺莲蓬实、刀芡实、鸡头果、苏黄、黄实，为睡莲科植物芡（*Euryale ferox Salisb.*）干燥成熟的种仁。在我国，从黑龙江至云南、广

芡实

东等地均有分布，国外常见于东南亚及朝鲜半岛、俄罗斯、日本、印度等地区及国家。芡实有"水中人参"的美名

2．芡实的营养价值

很多人认识芡实都始于它的药用价值，中医有言，芡实具有益肾固精，补脾止泻，除湿止带之功效。据医学古籍记载，芡实味甘涩、性平，有健脾祛湿、固肾益精、补中益气、抗衰延年的功效。常用于治疗遗精滑精、遗尿尿频、脾虚久泻、白浊、带下等。营养价值有以下几条：

①《本草经百种录》："鸡头实，甘淡，得土之正味，乃脾肾之药也。脾恶湿而肾恶燥，鸡头实淡渗甘香，则不伤于湿，质黏味涩，而又滑泽肥润，则不伤干燥，凡脾肾之药，往往相反，而此则相成，故尤足贵也。"

②《本草求真》："芡实如何补脾，以其味甘之故；芡实如何固肾，以其味涩之故。唯其味甘补脾，故能利湿，而泄泻腹痛可治；唯其味涩固肾，故能闭气，而使遗、带、小便不禁皆愈。功与山药相似，然山药之阴，本有过于芡实，而芡实之涩，更有甚于山药；且山药兼补肺阴，而芡实则止于脾肾而不及于肺。"

③芡实还有一个厉害的作用，就是可以健脾，调整脾胃功能，补益脾胃；芡实的碳水化合物含量极为丰富，含脂肪则很少，因此极易被人体所吸收。并且，人体服用芡实调整脾胃功能之后再服用其他补品，有助于提高消化系统的适应性。

④芡实还能固肾，利于身体通过自然排泄达到祛湿的目的。芡实是一种滋养强壮性食物，能够补中益气，和莲子有些相似之处，但其实芡实的收敛镇静作用比莲子强，比较适用于慢性泄泻和小便频数，可以治疗梦遗滑精，妇女带多腰酸等不适症状。在中医方剂"四精丸"中，芡实属于其

中重要的一味，可用于治疗遗精滑精，虚弱小儿遗尿及老年人小便频繁。

　　⑤芡实加白糖蒸煮食用，可以治疗慢性泄泻。

　　⑥自古以来，芡实在我国都是作为永葆青春活力、防止未老先衰的优良食物。

　　⑦芡实具有治疗白浊之功效。其方法是用芡实粉和白茯苓粉化黄蜡制成丸剂，中医命其名为"分清丸"。

3．芡实的分类

芡实的原生形态

　　芡实的品种有南芡与北芡之分。北芡又称刺芡，开紫色花，大多为野生种，主要产于我国江苏洪泽湖、宝应湖一带，适应性强，在长江以南以北及东南亚、日本、朝鲜半岛、印度、俄罗斯都有广泛的分布。南芡又称苏芡，花色分白花、紫花两种，比北芡叶大。紫花芡为早熟品种，白花芡为晚熟品种，南芡主要产于江苏太湖流域一带。南、北芡实果实干燥后外观差异不大，均以颗粒均匀、饱满，粉性足，无破碎、干燥无杂质者为佳。北芡实，以微山湖出产的芡实最好，微山湖是北方最大的淡水湖，自然环境得天独厚，很适合芡实生长。南芡实一般认为苏州出产的最佳。

4．芡实的选购方法

　　在挑选的时候要注意不同地方的芡实的品质是不一样的，可以根据颜色来进行选择。首先要保证果实上无虫蛀、无伤痕、无杂质，颗粒饱满均匀、没有碎粒、粉性足的；其次，颜色要呈白色、米白，如果粒上有残留的种皮，最好是要选择种皮淡红色的，而色泽较暗、甚至是褐红色的品质较差一些。再次，用牙咬，不容易咬碎的，韧性强的，有可能受潮，不推荐购买。

5. 芡实的储藏方法

由于芡实生长在水里，新鲜芡实剥出来后仍然有很多水分，新鲜的芡实在常温下最多只能保存3~4个小时，放久了会散失水分，氧化变色并且发出腐败变质的酸味。所以家用新鲜芡实的保藏最好是放到冰箱冷藏室冷冻起来。具体来说，可以把新鲜芡实放入封口袋中，加入适量的水，封好，再放入冰箱中冷冻。食用的时候解冻出来即可，短时间内新鲜度能保持得较好，煮熟后口感和新鲜的没有什么区别。如果是没有剥壳的芡实，和莲蓬一样，也需要冷藏但不可以放置太久，超过7天就可能变质。如果想长时间保存就必须采取先剥壳，再放在冷冻室里的方式，可以大约保存半年左右。

对于干制的芡实籽粒，应放在阴凉、干燥、通风性较好的地方。由于芡实中含有丰富的淀粉，在贮藏过程中有受到虫蛀的风险。可以在晒干的干芡实中加入几瓣生大蒜防虫害，一般是每千克芡实放入8~10瓣生大蒜，与芡实拌匀后装入容器内（如缸或口袋）盖严，这样可以保持芡实在一到两年内不受虫蛀。

三、

开讲了：吃个明白

（一）怎么吃坚果才叫恰到好处

（1）睡前不吃坚果

坚果一般都含有大量的油脂，吃起来虽然很香，但同时也较油腻，睡前吃会增加消化系统负担，影响睡眠。因此，睡前1小时尽量不要吃坚果。

（2）每天食用不要超过一小把

坚果好吃但不宜过量食用，坚果热量较大且脂肪含量较高，如果已食用较多食物，尤其是肉类等，就尽量不要再吃坚果，否则会造成脂肪摄入超标。即使没有摄入其他食物，也要避免一次吃太多坚果，每天食用的坚果量最好不超过一小把。

（3）尽量选择原味、清炒的坚果

为增加口味满足消费者的口感要求，许多坚果厂家对坚果进行了大量调味加工。首先口味越重，食盐添加往往越多；其次，许多厂家为加重口味，做出香味浓的坚果，在加工时添加了香精、糖精等物质，奶油味的坚果还可能添加了人造奶油，这样的产品已失去了坚果的天然本色。此外，个别商家会用重口味掩盖坚果原料的变质问题。

（4）吃到发苦霉变的坚果不可下咽，还要赶紧漱口

坚果容易受到黄曲霉菌的污染而发生霉变，由此产生一种剧毒物

质——黄曲霉毒素。因此，发霉坚果一定不能吃，一旦发现嘴里的坚果有苦味、霉味或辛辣味，就赶快吐出来并及时漱口。

(5) 最好密封保存

坚果选购和保存中最容易产生问题的环节就是容易受潮和氧化，保存时需要特别注意。坚果买回家后，如果短时间内吃不完，应该密封保存，放在阴凉干燥处。还有个小窍门就是趁坚果干燥时分装成一次可以吃完的量，用密封袋、保险盒或密封夹封口后放进冰箱冷冻室，这样能减少坚果与空气、水分的接触机会，避免吸水受潮，避免微生物繁殖，保证坚果的美味安全。

（二）坚果的花样吃法

1. 核桃的花样吃法

晒干或者新鲜收获的青皮核桃去壳取仁直接吃，是核桃最常见的吃法，这也是营养损失最少的吃法，但核桃仁内表皮中含有鞣酸，具有苦涩味，因此可将表皮剥除后食用，也可将核桃加工后再食用。比如市场上常见的琥珀桃仁、椒盐桃仁等，均是通过加工处理降低了核桃仁的苦涩味，深受广大青少年喜爱，但同时需要注意食用量，避免高盐、高糖的摄入。此外，核桃还可以用做配料制作菜肴或点心，下面介绍几种核桃的花样吃法：

(1) 核桃酪

原料: 核桃仁、大枣、江米、白糖。

做法: 核桃仁用沸水浸泡片刻,去除外衣,洗净沥干,捣成碎末。大枣洗净,隔水蒸熟,剥去外皮及内核,制成枣泥。江米淘洗干净,用水浸泡2小时,用石磨磨成米浆。把核桃末、枣泥、米浆放入碗内拌匀,加入少许清水,用石磨再磨成细浆。细浆倒入锅内,用文火煮沸后,加入白糖调好口味,即可食用。

美味核桃酪

清爽的核桃杏仁露

(2) 核桃杏仁露

原料: 核桃仁、杏仁、白糖。

做法: 将核桃仁、杏仁浸泡片刻,剥去外衣,加入适量清水,用粉碎机磨成浆糊状,用纱布过滤除渣取汁。将核桃杏仁汁、白糖放入锅内,用文火煮沸,即可饮用。

(3) 核桃杂粮粥

原料: 核桃仁、杂粮、杂豆、白糖。

做法: 将核桃肉用开水浸泡片刻后,剥去外皮,切成小块;杂豆浸泡过夜,杂粮浸泡2小时,倒入适量清水,将核桃仁、杂粮和杂豆熬煮至熟,加入白糖调味即可食用。

好吃的核桃杂粮粥

（4）凉拌核桃

原料：核桃仁，鲜莲子，西瓜白瓤，白糖，糖桂花少许。

做法：将核桃仁用沸水浸泡片刻，剥去外皮，洗净沥干；莲子去外皮，用牙签捅去莲芯，洗净沥干；西瓜白瓤去皮洗净，切成小块。把核桃仁、莲子、西瓜块放入盆内加入白糖，浇上糖桂花，搅拌均匀，即可食用。

核桃花样吃法

（5）核桃炖蛋

原料：核桃仁、鸡蛋；红糖、黄酒、水适量。

做法：鸡蛋打散，加少许黄酒和两倍的红糖水拌匀。将核桃仁切成碎末备用。将鸡蛋液裹上保鲜膜，入蒸锅蒸煮10分钟左右。掀开保鲜膜，小心地撒入核桃末，再以中火蒸5分钟即可出锅。

（6）烤核桃

无论是青皮核桃还是干燥脱掉青皮的核桃都可以用来做成烤核桃，风味各异，有浓郁的核桃香气，味道鲜嫩、肥美。

2. 榛子的花样吃法

榛子之所以出名，不仅是由于榛子干吃起来香脆满口，还因为西式甜品的日益流行，例如榛子巧克力、榛子蛋糕等美味甜点，都让榛子越来越

榛子的花样吃法
扫一扫，了解更多吃的科学

受到大家的欢迎。榛子的食用方法有很多，具体有哪些呢？

①直接食用：榛子可以整个食用，也可以磨碎或切碎食用。新鲜的榛子和炒熟的榛子都很美味，通常被当作小吃或开胃食品。炒榛子的时候要注意火候，不要炒焦了，中医认为食用熟榛子有利于开胃进食、明目和增进体力。

②烤制：将去壳的榛子放在一张煎盘上，放入烤箱里，温度最高不要超过180~190℃，烘烤至金褐色，期间要不时搅动。烘烤、磨碎、切碎都可提升榛子特有的香味。

③用榛子煮粥吃：将榛子、莲子、粳米放在一起，不仅口感好，而且营养丰富，如大米榛仁粥，五仁虾托等。

④如果喜欢西餐的话，也可以尝试如下方法，在饮食中加入榛子：

● 将榛子切碎——在早餐麦片粥上加入切碎的榛子。

● 制成榛子酱——将榛子制作成榛子酱或者与其他调料一起加工成口味丰富的调味酱，用来加入沙拉、意大利面中。

● 制作甜点——磨碎的榛子可以加入蛋糕和小甜饼里。榛子可用于制作奶油杏仁糖，也可用来制作夹心巧克力。以榛子为材料制作的奶油杏仁糖香酥可口，巧克力榛子蛋糕味道浓郁醇香。

● 做菜肴佐料，可以用榛子碎和面包屑及其他的香料混合，放在做好的鸡或鱼上提味。

原料：

240克低筋面粉、120克榛子、60克糖粉、120克含盐黄油、1克香草精、120克碎巧克力或60克榛子巧克力、3.6克盐。

做法：

● 烤箱预热：首先将烤箱预热到190℃。

● 烤制：稍微烤一下榛子，然后趁热用布搓榛子以去皮。把坚果放在一旁冷却，冷却后用搅拌机研磨成细粉。

● 制面团：取大碗将榛子、低筋面粉、盐、糖粉和香草精混合。添加冷黄油并通过搅拌混合彻底，直到面团成形，把面团分成2等份。

● 面团整形：将面团分成两份，每份面团卷分别制成直径约为2.5厘米，长度约为25厘米的圆柱体。

● 冷藏：将面团用保鲜膜包好，放在冰箱里冷藏1小时。

● 切片：将冷藏好的面团切成1.2厘米厚的切片，并将其排列在烤盘上，每片之间留约5厘米。

● 烘烤：将烤盘放在烤箱的中间架子上，烘烤约10～15分钟，直到每个曲奇饼的底部变成金色。

● 移出：将曲奇从烤箱中拿出，上面浇上巧克力屑或者一块榛子巧克力，然后等待曲奇饼干冷却即可。

榛子酱

榛子粉

3. 杏仁的花样吃法

苦杏仁因其味苦，多作药用，而鲜少被直接食用。药用方法分别有生用和制用，二者功效有差异。不同炮制方法对苦杏仁的灭酶效果、苦杏仁苷的溶出率、药理作用及毒性均有不同的影响。鉴于苦杏仁的毒性，入药时慎遵医嘱。苦杏仁能止咳，小剂量使用时，氢氰酸对呼吸中枢有镇静作用；大剂量或长期使用，则会发生中毒，甚至麻痹呼吸，致人死亡。故氢氰酸既是它的药用成分，又是它的有毒成分。

甜杏仁的食用方法很多，包括生食、药膳（杏仁粥）、菜肴（杏仁西兰花等）、甜品（杏仁豆腐）、饮料（杏仁露）等，还常作为面包等糕点的辅料，具有很高的营养价植及保健功效。

值得一提的是，市售的杏仁饮料，如罐装杏仁露，在加工的过程中往往造成营养成分的损失，并且为掩盖杏仁的苦味，加工时会添加较高的糖，如果过量饮用，不仅对营养的补充起不到太大作用，反而有引起人体糖摄入量超标的风险。

因此，如果仅从追求其保健功能来看，直接食用杏仁是最好的选择。每天吃一小把甜杏仁，既可以满足日常所需营养，又不容易造成肥胖，甚至还有助于减肥降脂。

杏仁的吃法

4. 腰果的花样吃法

腰果仁多用于制造腰果仁巧克力和点心，还可制成上等的蜜饯及油炸或盐渍干果、各式罐头，食法多样，风味胜过花生。

市面上销售的坚果多经过不同的炒制、油炸等工艺，从而使其风味口感多样化，适应不同消费者的嗜好。对于腰果来说，主要的熟制方式包括盐焗和炭烧（烤制）。然而，食品加工最安全的方式是蒸、煮、低温烘烤，市面上卖的大多经过高温烘烤、油炸，口感虽较好，但营养价值肯定会受到一定的影响。

盐焗腰果，是将腌渍入味的腰果用铝箔纸包裹，埋入烤红的晶体粗盐之中，利用盐的导热的特性，对腰果进行加热的技法。主要的工艺流程是：

选料（挑选质优的腰果）→腌制（在腰果里加入一些调料香料等腌制）→包裹（采用铝箔纸将腰果包裹住）→埋入热盐中焗制→装盘（腰果熟透之后就可进行包装）。

盐焗腰果的特点是皮脆肉酥，干香味厚，味道是咸香的。盐焗坚果最大的健康隐患是高盐。每天吃多了就容易超过人体日均盐摄入量的标准（以不超过6克盐为宜），不利于控制血压。消费者尽量挑选含盐低的腰果产品较好。另外，由于粗盐温度能达到130℃，会破坏各种对热不稳定的维生素及其他生理活性物质。

而炭烧腰果，顾名思义，就是将腰果置于火炭上面进行烘烤加工，当然为了让腰果的味道更香，也是要加入一些调料

盐焗腰果

进行适当调鲜，炭烧腰果的特点是具有炭香，酥酥的，吃起来是脆脆的。炭烧的工艺流程较盐焗来得简单。同样的，炭火温度极高，会引起某些营养物质的损失。如果加工条件控制不当，还有可能因为高温产生某些有毒物质，如丙烯酰胺、苯并芘、多环芳烃等。因此，过度烤制的食品，尤其是烤焦的坚果（包括其他食品）都尽量不要食用。

家庭熟制腰果时，可与其他新鲜食材（虾仁、西芹等）同时炒制，也可以稍加浸泡后，辅以糖、少量盐等以烤箱低温烤制。

5. 松子的花样吃法

松子富含维生素E、类胡萝卜素，适宜搭配含维生素C的食材一同食用，可以提高抗氧化性。松子富含亚油酸和亚麻酸，适宜搭配红枣一同食用，可以补气养血、红润肌肤。松子富含多种氨基酸，适宜搭配鱼一同食用，蛋白质组成更加全面，可以补益大脑、提高记忆力、改善健忘症状。

(1) 炒松子

原料： 松子100克，食盐60克，白砂糖2克。

做法： 将松子过筛，去除杂质。将白砂糖加水溶化倒入锅内，烧开后放入松子翻炒，炒至松子发响。将炒好的松子浸入盐水片刻，捞出沥干盐水再炒，火候稍缓，松子呈象牙色时即可，摊开晾凉。松子外表光亮，无焦黑现象，呈象牙黄色，味咸香，酥脆。

(2) 松子豆腐

原料： 嫩豆腐500克、松子末25克、白砂糖15克，酱油、素汤、花生油各适量。

做法： 豆腐切成1.5厘米见方块，锅内加清水放豆腐块，微火烧开，豆腐漂起捞出，沥净水分放入砂锅。将炒锅放微火上，加花生油、白砂糖炒至微红色，然后加入酱油、素汤、白砂糖、松子末烧沸，倒入砂锅中。砂锅放微火上，炖至汤将尽时盛入盘中即成。松子香味四溢，豆腐鲜嫩味美，有清热解毒、生津润燥、补益抗衰老等作用。

可口的松子豆腐

(3) 松子粥

原料：松子15克、粳米100克。

做法：将松子研碎，粳米用清水淘洗干净，放入锅中，加适量水，煮沸后再用小火熬煮，呈黏稠状时即成粥。此粥有幽微的松香味，营养丰富，具有润肠通便、润肺止咳、祛风润肤等作用。适于气血不足、体虚早衰、头晕目眩、口干舌燥、干咳少痰、关节疼痛者食用。

营养丰富的松子粥

好吃的松仁玉米

(4) 松仁玉米

原料：松子50克、甜或糯玉米1根（或用甜玉米罐头）、豌豆100克，油、盐、糖、水淀粉各适量。

做法：将松子去壳，留松仁。将玉米煮熟，剥下玉米粒；先将油烧热，加入松子炒熟后盛出。再加入适量油和胡萝卜炒熟，加入玉米和青豆，最后加入炒熟的松子，加盐、糖调味，水淀粉勾芡即可。

(5) 松仁肉卷

原料：猪里脊肉250克、松子120克、虾仁75克、鸡蛋1个、高汤100克、植物油500克、料酒、食盐、淀粉、水淀粉和味精适量。

做法：虾仁斩成茸放入碗内，加食盐、料酒、鸡蛋清拌和上劲，分成20等份；将肉剔去筋，切成8厘米×5厘米的薄片，共20片，逐片平铺在盘内，逐一抹上虾茸，每片上放松仁6颗摆成一字形横放，卷成肉卷，用水淀粉粘住封口；锅置火上，放入植物油烧至四成热时将肉卷裹上淀粉，逐个放入锅内滑油，并轻轻推动，待肉卷呈白色时出锅沥油；锅重置火上，放入高汤，加食盐、味精、料酒烧沸，用水淀粉勾芡，再将松仁卷倒入锅内，晃动炒锅使其翻身，入味后淋上适量沸油即可。

(6) 松仁秋葵

好做的松仁秋葵

原料：秋葵500克，松仁50克，蒜、植物油、盐适量。

做法：将秋葵洗净，切小段。将松子炒香盛出。热锅下植物油，加入蒜末炒香，最后加入秋葵和松子，高火翻炒两三分钟即可。

(7) 松仁鸡蛋炒饭

方便的松仁鸡蛋炒饭

原料：米饭100克，鸡蛋1个，松仁10克，葱5克，植物油、盐、生抽适量。

做法：将松仁炒香盛出。热锅下植物油，倒入米饭，炒热后再加入少量植物油，加入鸡蛋翻炒，加入葱，最后加入盐和生抽调味，加入炒香的松仁即可。

(8) 松子饼干

原料：黄油85克、糖粉40克、松子40克、低筋面粉130克、蛋黄1个。

做法：将黄油软化，加入糖粉搅拌顺滑，加入蛋黄打发，加入松仁翻拌匀，筛入低筋面粉搅拌均匀成面团。将面团整形后放入冰箱冷冻约50分钟，冻硬后将成形的面团用刀切成片状。最后放入烤箱，180℃烤14分钟即可。

杏脆的松子饼干

6. 板栗的花样吃法

板栗的吃法多种多样，既可生食、煮食、炒食，或与肉类等食物一起炖食，还可加工成各种各样的美味食品。

板栗适宜搭配鸡肉一同食用，有止血消肿功效，可补肾虚、益脾胃。板栗适宜搭配猪肉一同食用，可健胃消食，适合肾虚导致的腰膝酸软患者食用。板栗适宜搭配鳝鱼一同食用，板栗养胃健脾、补肾强腰，鳝鱼补血养心，二者搭配具有健脾益气、补肾强心的作用。板栗适宜搭配白菜一同食用，可健脑益肾，美容养颜，消除黑眼圈和面部黑斑。板栗也适宜搭配玉米一同食用，玉米富含膳食纤维，可促进胃肠蠕动，有助消化。板栗适宜搭配红枣一同食用，可补肾虚、治腰痛。板栗适宜搭配柚子一同食用，可预防感冒，加速伤口愈合。板栗适宜搭配大米一同食用，可健脾补肾。

板栗和有些食物不宜同食，这一点一定要注意。板栗不宜与羊肉一同食用，板栗和羊肉均不易消化，可能引起呕吐；不宜与牛肉一同食用，板栗中所含有的维生素C易被氧化，降低板栗的营养价值；不宜与鸭肉一同食用，可能引起中毒；不宜与黄豆一同食用，容易引起腹胀、腹泻、胃肠痉挛或心律不齐等；不宜与杏仁一同食用，易引起腹胀、胃痛。

(1) 板栗饭

原料：板栗20克，米60克，盐适量。

做法：将米淘洗干净，加入板栗和水，浸泡30分钟后，置入饭锅中煮熟，吃时拌入适量盐调味即可。

美味板栗饭

营养板栗汤

(2) 板栗鸡

原料：三黄鸡1只，去皮板栗200克，大葱50克，姜20克，蒜20克，青椒1个，干辣椒1个，黄酒25克，酱油50克，白糖5克，腐乳汁、盐适量。

做法：将三黄鸡洗净，去除鸡头和鸡后臀尖后剁成块。将鸡块放入碗中，加入15克黄酒，抓匀后腌制20分钟。将青椒洗净切成菱形块，葱和姜切片备用。将炒锅烧热，倒油，放入葱姜蒜和干辣椒炒香，放入鸡块，大火翻炒2分钟，加入10克黄酒、酱油、腐乳汁和白糖翻炒3分钟，加入板栗，加热水没过鸡块，大火煮开后转小火煮25分钟，最后加入青椒和盐炒匀即可。

(3) 板栗排骨汤

原料：板栗200克，排骨500克，胡萝卜100克，盐适量。

做法：将板栗和排骨煮熟，胡萝卜

好吃的板栗排骨汤

削皮切块备用。在锅中加入板栗、排骨和胡萝卜，加水覆盖所有食材，大火煮开后，小火煮30分钟，加盐调味即可。

(4) 板栗烧菜心

原料：板栗250克，油菜500克，水淀粉13克，盐、味精、胡椒粉、植物油、香油适量。

美味的板栗烧菜心

做法：将板栗去壳取肉、切成片，油菜取其嫩心备用。将炒锅内放入植物油，烧热后放入板栗炒2分钟，呈金黄色后沥油，加盐后蒸10分钟。将炒锅烧热，加入植物油，烧热后放入油菜，加盐后炒软，加入板栗、味精、水淀粉，装盘后加入香油和胡椒粉即可。

(5) 板栗香菇烧丝瓜

原料：板栗250克，丝瓜150克，香菇15克，高汤250克，盐、味精、白糖、水淀粉、植物油适量。

做法：将香菇用清水浸泡至软，去蒂后切成片；将丝瓜去皮，切成3厘米大小的菱形小片；将板栗放入沸水锅中煮8分钟后，捞出浸泡于清水中，去掉内膜后捞出备用。将炒锅内放入植物油，烧热后加入丝瓜片，捞出沥油，再放入板栗，捞出沥油。将炒锅中留少量底油，烧热后放入炸好的板栗和香菇炒香，加入盐、味精、白糖和高汤，烧至板栗软糯后，加入丝瓜片后炒软，再加入水淀粉勾芡即可。

好消化的板栗香菇烧丝瓜

(6) 板栗煨白菜

原料：白菜200克，板栗50克，葱、姜、盐、鸡汤、水淀粉、料酒、味精各适量。

一学就会的板栗煨白菜

做法：将白菜清洗干净切段，用开水煮透捞出；葱切段，姜切片，板栗煮熟后备用。将炒锅放油烧热，将葱段、姜片炒香，加入白菜、板栗炒熟，加入鸡汤，小火煮香后，加入水淀粉、料酒、味精、盐，炒匀即可。

(7) 桂圆栗子粥

原料：栗子20克，桂圆15克，粳米100克，白糖适量。

做法：将桂圆去壳取肉，栗子去壳，切开，将粳米用清水淘洗干净，放入准备好的栗子瓣、桂圆肉，并加入适量清水，用大火煮沸，然后改用小火熬至粥熟，加白糖调味即可。

7. 开心果的花样吃法

开心果种仁营养极为丰富，味道鲜美，具有独特的香味，不仅可以鲜食，炒食，还广泛用于制糖及糕点、巧克力、面包、冰淇淋、蜜饯、干果罐头等食品工业及压榨高级食用油。

开心果点心

开心果炒饭

开心果沙拉

开心果冰淇淋

(1) 开心果饼干

原料： 开心果、黄油、低筋面粉、糖粉适量，全蛋液60克，盐适量。

做法：

好吃的开心果饼

- 将开心果果仁剥出，用擀面杖稍微压碎，去皮；

- 黄油软化，搅打顺滑；加入糖粉搅打均匀；

- 分两次加入蛋液搅打均匀，每次都要将蛋液彻底搅打至吸收；

- 将开心果仁加入，用刮刀拌匀；

- 将低筋面粉加入，拌匀，注意不要过度搅拌；

- 放在案板上整成圆柱形或其他自己喜欢的形状（冬天天冷，黄油容易变硬，使得面团变干，所以直接放案板上也可以整形；天气热的时候要放保鲜袋里整形，否则比较黏，并且容易"走油"，可放到冷藏室里稍微变干燥再整形）；

- 放入冷冻室1小时，冻硬后，取出切成厚片，放入烤盘中，注意饼干之间要留有空隙，防止烤的时候膨胀粘到一起；

- 放入预热好的烤箱，165℃、上下火、中层烤18～20分钟，边缘微微变色即可取出。

（2）开心果发糕

上锅蒸的开心果发糕

原料：开心果等果仁（还包含花生仁、核桃仁、杏仁、芝麻等）、面粉、糖、奶粉、发酵粉。

做法：

- 把奶粉、糖、发酵粉放入面粉，加适量清水混合；

- 开心果去壳，花生用微波炉打3分钟，去花生衣。用刀把花生仁、开心果、核桃仁、杏仁全部切碎，把切碎的果仁与芝麻全部放入面粉里揉成团再揉成长条；

- 模具里刷层植物油把面团放入，压均匀后放在温暖处发酵至原来体积的2倍大，再在表面刷些水，撒些果仁碎；

- 放入蒸锅隔水蒸20分钟左右，关火闷3分钟左即可取出食用。

8. 夏威夷果的花样吃法

夏威夷果营养丰富，味道鲜美，具有独特的甜香味，多数直接用于直接食用，也可用做配菜制作菜肴，如菠萝鸡肉、夏威夷果沙拉，配料和做法如下所示：

原料：熏鸡肉250克、菠萝1/4个、果醋10毫升、芥末酱半小勺，盐、胡椒少许、芹菜茎1根、夏威夷果50克，法国香菜少许，沙拉酱凭喜好添加。

做法：鸡肉切成细条，菠萝切小片，芹菜切丝后备用，将它们和调味料混合在一起，再把夏威夷果仁撒在上面，用法国香菜装饰后即可食用。

9. 山核桃的花样吃法

除了焙烤或炒制后直接食用原味果仁，山核桃还有其他的吃法。可把山核桃加工成琥珀、椒盐、五香、奶油等口味的调味休闲食品，山核桃仁还可作为多种糖果和糕点的原料、配料，或榨油食用。下面列举几个山核桃其他的食用方式，供读者参考。

(1) 水煮山核桃

水煮山核桃

山核桃带壳用水煮制半小时左右，核仁充分吸水变软糯，对牙齿不好的人和老年人来说，易于食用，同时仁衣的苦涩味有所减轻，油腻感也会有很大改善。用清水煮制，可以最大限度保留山核桃的原汁原味，煮制的时候加入盐、花椒、大料、辣椒、生姜等调味料，则可以制成五香山核桃。由于山核桃碱性较强，高温煮制时会发生一些化学变化，会使得锅里的水都变黑，同时山核桃从壳到肉都是黑色的，虽然颜色不好看，但完全不用担心，不会引起安全问题，但如不再进行干制则含水量较高，要注意储藏条件，及时吃完。

(2) 山核桃粉

山核桃仁打成粉，佐以一定比例的其他坚果或杂粮粉，再经过调味，可以制成食用方便、营养丰富的糊状山核桃冲调食品，是早晚餐配餐的不错选择。西式做法中还配有橄榄油、牛油果、香菜、胡椒等配料，别具特色。

（3）蜂蜜山核桃仁

山核桃仁打碎成碎块状，加入蜂蜜混合均匀，封入玻璃瓶或罐中，放置在阴凉干燥处，就制成了香甜的蜂蜜山核桃仁。每日食用两次，一次1汤匙的量，还有治疗气虚、气喘的功效。

（4）蒸山核桃仁

山核桃去壳后取仁肉加冰糖、香油等一起上锅蒸熟，不仅可以去除苦涩味，增加香气，使仁肉变软糯，更容易消化，趁热食用还可以有保健功能。

10．白果的花样吃法

白果的花样吃法
扫一扫，了解更多吃的科学

（1）煮制熟食

白果食用前应去壳，捣碎，拣掉杂质，可以煮粥食用等，但不可多食。白果不建议生食，以防中毒。

（2）炒白果

我们可以将洗净的白果带壳一起放在锅里炒，或将白果包在纸袋里放入微波炉里加热，待白果有爆裂声，即可食用。

（3）作为菜肴中的拌料

先去除白果种皮，然后加入到烧鸡、烧鸭或者烧肉、猪蹄等菜肴中做拌料。加入白果肉后的菜肴食用时肉的油腻感会减弱，使人食欲增强。白果在菜肴中用作拌料宜稍迟放入，因为白果的淀粉易于糊化，放入过早口感不佳，而在其他食材基本熟透之后再放入白果，不仅可保持白果的香糯可口，还可以去毒。

(4) 作为糕点中的重要拌料

白果仁可以用来作糕点拌料，它能增加糕点的糯性和清香味，改善糕点的口感与味道，也能增加糕点的食用价值。白果本身具有的食疗效果，使得人们可以在品尝美食的同时，也得到一定的治病疗效。广东人有食用白果羹的习惯，清香可口的白果羹，不仅可以充饥，而且还能够治病，深受人们的喜爱。

椒盐白果

白果炖排骨

11. 扁桃仁的花样吃法

扁桃仁是一种营养价值相当丰富的坚果类食物。其不仅营养价值高，口感也非常的香脆，食用也非常方便。扁桃仁的食用方法有很多，其可以剥开外壳直接食用，也可以放入锅中炒制后食用，还可以加入鸡汤中食用。我们也可以将扁桃仁调制成凉菜食用或做成休闲零食方便食用。总而言之，扁桃仁的食用方法多种多样，具体怎么食用主要取决于个人的喜好。

12. 鲍鱼果的花样吃法

鲍鱼果不仅可以直接食用，还可以通过各种制作方法变成美味的食物。在酸奶中添加鲍鱼果，或者是作为烘焙辅料，可以做成既美味又营养的点心，送人或者直接吃都很合适，大家有时间的话可以在家动手试一试。

（1）芝麻鲍鱼果粥

原料：糙米100克，黑芝麻、白芝麻各50克，鲍鱼果50克，白糖适量。

做法：将糙米、黑芝麻、白芝麻淘洗干净，糙米用清水浸泡1小时，备用。锅置火上，将所有准备材料一同入锅内，加适量清水大火煮沸，然后改小火熬煮1小时成稠粥，最后加白糖拌匀即可。

（2）鲍鱼果酥

原料：中筋面粉500克、白糖200克、糖浆100毫升、鲍鱼果40克、熟猪油275克、鲜鸡蛋液100毫升、小苏打1克。

鲍鱼果花样做法

做法：将小苏打与白糖、糖浆、鲜蛋液、猪油放在一起调匀，再加入鲍鱼果碎、面粉一起叠拌成面团。将面团搓条，扯下约20克的面剂，搓成扁圆形，再刷蛋液，放入烤盘中。将烤盘放入150℃的烤箱中，烘烤至金黄色，饼面呈裂纹状即可。

（3）葡萄干鲍鱼果红糖蛋糕

原料：低筋粉100克、葡萄干50克、鲍鱼果50克、鸡蛋2个、红糖75克、黄油100克、调料肉桂粉1/6小勺。

做法：将黄油软化用手动打蛋器搅打至顺滑，加入红糖拌匀；蛋液打散，分3次加入拌匀；低筋粉和肉桂粉、泡打粉混合过筛两次；将粉类分2次加入步骤2中拌匀，并加入葡萄干拌匀；加入切碎的鲍鱼果拌匀后倒入模具内；烤箱预热170℃，中层上下火，时间35分钟。

13. 碧根果的花样吃法

碧根果口感甜美，食用方法也被不断拓展。

(1) 直接食用

碧根果的皮相对于其他坚果脆弱许多，现在市面的成品，商家往往会给顾客先"切"出一道纹，大大便利了果仁的剥离。

(2) 乳制品伴侣

喜爱喝酸牛奶的人越来越多，但喝的时间久了，口味单一不免让人厌倦。不少"吃货"们选择在酸奶中添加各类水果等，添加碧根果仁也是一种不错的选择。

(3) 烘焙辅料

现在喜欢烘焙的人越来越多，在各类糕点原料中添加适量的碧根果仁无疑会让口感进一步提升。

①碧根果仁玉米炒鸡蛋

原料：鲜玉米1根，鸡蛋1个，碧根果20克，腰果20克，盐、鸡精、油各适量。

做法：玉米洗净后，剥下玉米粒；碧根果、腰果洗净待用；鸡蛋打散，加入适量的盐和鸡精，搅拌均匀；少量的油将玉米粒翻炒至七成熟时，加入碧根果、腰果，加适量的盐调味；将蛋液倒入锅内，翻炒数下，即可出锅。

②碧根果枣糕

原料：干红枣6颗，碧根果6颗，麦芽糖浆、食盐各适量。

做法：红枣洗净去核，取肉切粒；麦芽糖浆和食盐放入凉水中，用大火烧开后，放入切好的红枣粒，一边煮一边用勺子把红枣辗碎成红枣泥；待枣泥完成，汤汁收干后，即可关火；取1勺放凉后的枣泥放入保鲜纸中，保鲜纸拧紧包好；完成后，将包好的枣泥放入冰箱中冷却定型，而后撕开保鲜纸，在定型好的枣泥上撒上几颗碾碎的碧根果即可。

③碧根果全麦饼干

原料：全麦面粉100克、鸡蛋20克、碧根果碎30克、黄油50克、红糖30克。

做法：黄油在室温下软化，加入过筛的红糖，打发至蓬松颜色变浅；分两次加入蛋液，每加一次都搅打均匀，和黄油完全融合；加入过筛的全麦粉和泡打粉、碧根果碎，用刮刀翻拌成为面团；面团放入保鲜袋，用擀面杖擀成5毫米左右的薄片，放入冰箱冷冻室，冷冻半小时左右；取出面片，用饼干模刻出形状，用叉子戳出小孔，排入烤盘；烤箱提前预热至180℃，烤15分钟左右即可。

14. 香榧的花样吃法

香榧子外表有一层外壳包裹着，通常食用的都是里面的果仁。吃香榧子的时候，都要把果壳去掉。果仁外还裹着一层黑衣，很多人就会有疑问，那层黑衣可不可以食用，有没有什么营养呢？其实香榧子外的黑衣也可以食用的，但一般不吃，这是因为虽然香榧的黑衣具有营养价值，据说可以抗癌，但口感较差。所以很多人会用香榧子的果壳把那层黑衣刮掉，也可将果仁按在壳中稍稍往复旋转，果衣即可除尽。另外，香榧子的果壳也不好剥，其实香榧尖有两个突起的小点，称为西施眼，可以尝试用手用力挤一下，它的果仁就能从香榧眼中吐出来，直接食用即可，这样不会损伤牙齿，而且食用方便。

美味的香榧

香榧也可经炒制以后食用，炒制要选择晒干以后的香榧，然后再用盐水放入花椒及大料等香料泡制一下。准备适量的沙子，把香榧泡好以后，就可以开始炒制了。先把锅炒干，然后再把沙子放入炒热，最后放入香榧，来回翻炒均匀，取出以后过筛，把沙子去掉，等香榧子降温以后就可以食用了。

15．橡子的花样吃法

（1）生吃橡子果

橡子果含有较多的单宁酸，这种物质使得橡子具有苦涩的味道，但它的苦味伴随着淡淡的清香，所以有一些喜欢品尝它甘苦清香味道的人，会选择生吃橡子。但这种方式建议不要食用太多，因为人们食用加工过的橡子，更有利于吸收其中的营养物质。

(2) 煮沸橡子果

将橡子果放到清水中煮沸是食用橡子的一种比较简单的方式，也是一种比较常见的方式。而且将橡子放在水里煮沸之后，橡子的苦味会稍稍减弱，吃起来的时候口感也会更好，营养物质也更有利于吸收。

(3) 烘烤橡子果

橡子果的内部含有比较多的油脂，在高温下经过烘烤后，香味会大大提高。经过高温烘烤的橡子果，也较利于消化。

(4) 橡子粉

将橡子果肉磨成细粉，或者将橡子果的粉和面粉按一定比例混合，制成橡子面，可以进一步加工成点心。橡子面做成的点心不仅具有非常不错的口感，而且具有较高的营养价值。

(5) 市售橡子食品

橡子豆腐、橡子羹、橡子酱、橡子果冻、橡子挂面、橡子粉丝、橡子饼干、橡子酒、橡子醋等在市场上能见到，但目前总体上说市场上橡子加工食品还比较少。下面介绍两款常见的橡子加工产品：

①橡子凉粉：是一种产于陕西汉中南郑县元坝一带的一道有名的传统小吃。

采用橡树果实，经去壳、晾晒、浸泡脱涩、碾磨等多道工序制成鲜橡子粉，鲜橡子粉晒干后久储不易虫蛀变质。橡

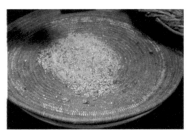

橡子粉

橡子的吃法

子粉经水煮后凝固，摊凉，切成块后就成了凉粉。可烧、可焖、可炖、可炒、可涮火锅、爽滑筋道，入口难忘。

②橡子酒：是利用橡子果实酿制而成，每500千克左右橡子可产50℃白酒100千克，其酒质与薯类原料酿造白酒相似，且酒糟是较好的饲料。将经过干燥的橡子去壳后脱苦，再进行粉碎，向粉碎后的物料中添加重量30%～40%的抗黏性填充料并混合均匀，再向混合物料内添加水使其湿润，再通过糊化、发酵和蒸馏步骤制成橡子酒。由于橡子的来源非常丰富，具有独特的味道，并且成本较低，所以，该种酒不但可以节省大量的粮食，且对人体健康有益，而且还可抵抗、缓解、预防铅等重金属对人体的毒害。

16. 葵花籽的花样吃法

葵花籽种仁营养极为丰富，味道鲜美，具有独特的香味，不仅可以鲜食，炒食，还广泛用于糕点，面包，冰淇淋，调味酱等，加工成各种美味食品。工业及压榨高级食用油。既可生食、煮食、炒食，或与肉类等食物一起炖食，还可加工成各种美味食品。

(1) 葵花籽酱

原料：葵花籽275克，芝麻酱100克，蒜头1个，酱油2汤匙，小洋葱1/4个，柠檬汁4汤匙，西芹1根，水100毫升。

做法：将葵花籽用中火在锅里不停地炒8～10分钟直到变微黄；将热的葵花籽倒到一个碗里，和芝麻酱混合均匀。然后将混合物刷成一层，室温下冷却；将葵花籽和其余的原料一起放入食品加工器里一直搅拌到均匀为止。如果15分钟内不需要食用的话盖上盖并放入冰箱。如果酱变硬，只要加1汤匙水搅拌下即可。

(2) 花生酱葵花籽面包

原料：高筋面粉150克、低筋面粉50克、糖30克、鸡蛋15克，酵母2克、有盐黄油15克、花生酱100克，葵花籽适量，鲜奶80克。

做法：面粉中放入糖及酵母、有盐黄油和成面，滚圆松驰15分钟，擀成长方形，涂上花生酱，卷起收口，切成6份。面团二次发酵45分钟，葵花籽无需预热，烤箱150℃烤制15分钟。面胚刷上蛋液撒上葵花籽，上下火180℃预热，中层烤15分钟，出炉。

(3) 葵花籽花生酱

原料：葵花籽仁250克，花生仁250克，花生油30克。

做法：去皮的葵花籽仁和花生仁准备好。葵花籽仁入炒锅中，小火炒熟，然后倒出晾凉备用。花生仁入炒锅中，小火炒熟，略微放凉，用手搓掉外面的红衣。将晾凉的葵花籽仁和花生仁入破壁料理杯中，启动"酱料"程序，将果仁打成酱，中途再加入30克花生油，使搅打更加顺畅。不断搅打至黏稠度合适即为成品。

(4) 酱油葵花籽

原料：葵花籽5千克，小茴香25克，酱油1千克，桂皮25克。

做法：把瓜子入锅加水、酱油、香料煮熟。水快干时，不断翻炒，待略干即成。

17. 西瓜子的花样吃法

用专门种植的西瓜取其种子，粒较大才有加工利用的价值，经过适当处理，可制成很受欢迎的小食品。根据其加工方式的不同，西瓜子的产品主要分为以下7类：

(1) 糖盐瓜子

取西瓜子5千克，用水清洗干净，沥干后，放入炒锅中炒热。取食盐300克，糖精1克，先将食盐用水溶解，加水量以食盐能完全溶解为度，再把糖精溶于盐水中。把食盐糖精液倒入瓜子锅中，用文火炒熟，至干燥，也可用烤炉烤制。最后喷以食用香精即成。

(2) 油香瓜子

将西瓜子5千克 用水清洗，沥干后炒热，加热油50克，食盐75克和糖精1克，炒至将熟时，再加同样数量的油、盐和糖精，继续炒至干燥，或直接用烤炉干燥。出锅后喷上食用香精即成。

(3) 酱油瓜子

将西瓜子放入1.5%石灰水中（0.75千克生石灰加水50克，溶解后取其上层清液）浸泡5小时左右，用手淘搓，除去子膜，洗净按10∶1的比例将瓜子和酱油与适量食盐、茴香、桂皮同投入锅内，加水浸过瓜子，用旺火烧煮约1.5～2小时，然后改为小火，缓慢烘烤，让盐卤干燥，或直接放进烤箱以80℃左右温度烘干。

（4）盐炒瓜子

将西瓜子5千克洗净，沥干撒上250克精盐，搅匀后静置3小时，然后晒干或烘干，再放入炒锅中炒熟即成。

（5）奇香瓜子

选料，选取无霉烂变质、无虫咬、大小较均匀的瓜子。以煮1千克瓜子为例，将大料、桂皮、小茴香各20克，花椒3克，食盐50克，糖精、味精各2克等配料装入布袋内封好，放入开水锅里熬煮。蒸煮，当开水锅里的配料煮出味时放入瓜子，盖上易透气的织布。蒸煮时火均匀，勤翻动，以不烧干水为宜。蒸煮1～2小时后捞起瓜子。按以上方法可重复进行6次，配料即全部用完（但第二锅开始加糖、味精、食盐，均按照第一锅的配方熬煮，其他配料不变）。将蒸煮好的瓜子炒干，脱去瓜子表面黑皮。火力要小并均匀，约炒干后即可食用。

（6）玫瑰瓜子

原料为瓜子1千克，食盐50克，糖1千克，五香粉30克，公丁香10克，开水600克，玫瑰香精3毫升（或按另一种配方：红糖2%～3%，糖0.01%，食盐少许，加工后拌入0.02%玫瑰香精）。制作方法为：清水烧开，放入食盐、糖、五香粉、公丁香粉，搅匀；将瓜子倒入缸中，加入以上配液，滴入食用玫瑰香精，搅拌，拌匀，加盖放置24小时，期间搅拌3～4次；取出瓜子后焙炒至干燥酥脆，即为成品。

(7) 甘草瓜子

用甘草5%（指占瓜子重量的百分比，下同），食盐3%，糖0.05%煮水滤汁待用。将黑瓜子洗净，晾干，入锅以旺火烧至烫手时改用文火，将煮好的汤洒入，一边炒一边洒，直到瓜子肉泛黄为止。

18. 南瓜子的花样吃法

很多人好奇南瓜子生吃好还是熟吃好？南瓜子的吃法有很多种，有的人喜欢吃生的南瓜子，觉得晒干以后直接吃味道很好，也有的人喜欢吃炒熟的南瓜子，感觉熟的南瓜子味道比生的更香，那么南瓜子生吃好还是熟吃好呢？南瓜子生吃、熟吃都可以，生吃的口感没有熟吃好，但生吃的药用价值比熟吃的高很多。经科学验证，每日去壳嚼食生南瓜子90克，分早、中、晚3次服，一周为一个疗程可连续服2~3个疗程，老年前列腺肥大患者食用后可使尿急、尿频、尿痛及尿失禁等症状减轻，而且可以达到防治前列腺疾病的效果，这是由于前列腺的分泌激素功能要依靠脂肪酸，而南瓜子就富含脂肪酸可使前列腺保持良好功能。另外，南瓜子含有丰富的氨基酸、不饱和脂肪酸、维生素及胡萝卜素等营养成分，经常吃南瓜子不但可预防肾结石的发生还可促进已有结石的排出。

而很多减肥的人又会关心一个问题，南瓜子怎么吃热量更低呢？生吃的热量会比炒熟的热量低，比较适合减肥人士食用。生南瓜子作为大众健康食品不仅保证了南瓜子的原汁原味，而且使南瓜子的营养价值不易流失，生吃南瓜子人体更容易吸收其磷质，这样可以有效防止矿物质在人的尿道系统凝结，达到预防肾结石的目的，还可以促进已有结石的排出。另外，生吃南瓜子还可以治疗早泻、尿频等病状，如果当作药物使用，生吃南瓜子才能更好地发挥南瓜子的营养价值和功效。

食用时最好将南瓜子研磨成粉末食用，每日吃一小勺约30克，效果更佳。另外，南瓜子还是富钾食物。富钾食物能助您腿部肌肉伸展并预防腿部抽筋。

19．花生的花样吃法

花生味甘性平，营养丰富，具有健脾、和胃、养血止血、润肺止咳、利尿、下乳等功效，能降低胆固醇，预防和治疗动脉粥样硬化，高血压和冠心病等，另外它还可以防治肿瘤类的疾病，常作为休闲零食，买来之后直接食用。而病后体虚、手术病人恢复期以及女性孕期产后进食花生会有更佳的补养效果。此外，花生也适宜营养不良、食欲不振、咳嗽痰喘、脚气病、产后乳汁缺少、高血压病、高脂血症、冠心病、动脉硬化，以及各种出血性疾病患者食用，尤其适宜儿童、青少年及老年人食用，能提高儿童记忆力，有助于老人滋补保健。家庭中的花生料理常水煮后用来拌凉菜，也可油炸，或放入如宫保鸡丁等菜品中作为配菜。若经常食用，适宜水煮，油炸花生易生火气。

水煮花生

油炸花生

20. 莲子的花样吃法

莲子一般在5～9月成熟，这是传统的莲子采收期，但莲子的成熟又与气温的变化有关系。6月后就有新鲜莲子吃了，一般老熟要30～40天。

莲子可以用作早午晚餐的辅助材料，因此，莲子在三餐中吃都合适。最好下午4点左右，这时肚子中的食物已经消化得差不多了。或者在睡觉前吃也可以。晚餐饮一碗莲子汤，或莲子与猪心炖汤服，或莲子糯米煮粥，可宁心安神，促进睡眠。

莲子的花样吃法

莲子的吃法也是多种多样的。若生吃莲子，如果有外皮的话要先把外皮剥下，只留里面的果肉，就是白色的部分。清洗干净，放干净水中浸泡20分钟左右，会变得微软，如牙口不好的可以多泡一会。

莲子的芯很苦，吃的时候要去芯。但是莲子芯有去火的功效，可以泡水饮用。使用莲子芯泡茶，要将新鲜的莲子芯先晒干，这样处理后的莲子芯具有很好的去火和去热解毒功效。

莲子粥是很简单实用的家常粥。需要莲子50克、粳米100克。把莲子与粳米一同清洗干净。下锅，一起煮。煮到莲子非常松糯的时候就可以了。大枣莲子粥也是一款可以养颜补血的粥。需要莲子30克、大枣5～10个、粳米60克。把莲子、大枣、粳米、清洗干净，一同下锅煮。煮到莲子较烂的时候放几粒冰糖，然后关火，晾凉就可以吃。

除上述家庭制做莲子食品外，以莲子为主要原料的工业化生产的食品也多种多样。莲子不仅可制成早餐糊、贡品糊、莲蓉、莲糕、莲子面条等食品，还可加工成莲子发酵乳、莲子冰淇淋、"莲芯雪"、莲子多糖食品等多种新型莲子食品。莲子八宝粥罐头不仅营养丰富，而且食用方便。糖水莲子罐头具有补中养神，健脾开胃、止泻固精等的功效。以莲子为原料而制成的莲子饮料、莲子酒等系列饮品，不仅保留了原有的营养成分，而且口感极佳，逐渐被消费者所喜爱。以膨化莲子粉为主要原料，可制莲子奶粉、莲子糊、营养粉等多种具有保健功效的莲子产品。

21. 芡实的花样吃法

芡实在日常生活中可谓是美厨娘的最爱，不仅保健功效好，做法也有很多种，每种都是精致的美味。

（1）山药薏米芡实粉

原料：芡实粉、淮山药粉、薏米粉等。

芡实粉是用天然的芡实子粒精磨制成的粉，不仅保存了原料应有的功效外，还方便食用。

做法：可直接购买商品山药薏米芡实粉，一般已经经过烘烤或炒制等熟制过程，粉质细腻，冲调性好，直接用热水冲开就可食用。还可以家庭

健康的山药薏米芡实粉

自制，将原料芡实和薏米炒熟、淮山药煮熟烘干，磨粉配制。食用时开水冲泡，煮食更佳。还可以根据个人喜好搭配其他熟芝麻粉、核桃粉等一起食用。注意芡实粉要置于通风干燥处保存，注意防蛀。

不同比例的食材搭配，所起到的营养保健效果不同。如山药与芡实、薏米的比例为1：1：1，对补肾气、利尿、缓解口干等效果更好，对偏重补脾肺的人群则可以加大山药的量。

（2）芡实粥

原料：山药片、薏仁米、红枣、芡实、枸杞、莲子、银耳、冰糖。

做法：原料芡实和杂粮米预先用冷水泡一定时间，使其充分吸水，然后以食材易熟程度先后放入锅中直接煮粥，为了煮得更加软烂可以预先压碎硬质的食材，煮好后按个人喜好可加糖、蜂蜜等。

（3）芡实糕

芡实糕是我国江浙地区非常流行的一种传统特色糕点，由八珍糕演变而来，质地松软、真材实料、营养美味、味道清香。

原料：鲜芡实1 000克，糯米粉250克，白糖适量。

做法：分为热加工和冷加工两种。主料除了芡实之外，还可以搭配其他杂粮、坚果等。

热加工：材料最好为七八月产的新鲜芡实，放入锅内加水煮熟，去壳、晾干，研粉，同糯米粉、白糖一起加水搅拌均匀，揉成面团或粉料直接入模，蒸制成芡实糕即可。

冷加工：先把芡实和糯米膨化粉碎待用，食用前用绵白糖和纯净水加芡实粉拌匀、压实，放置片刻后用刀切成片状食用。

芡实糕

（三）饮食宜忌

1. 核桃的食用宜忌

　　核桃性温热，一般人群均可食用。适宜多吃核桃的人群有肾虚、肺虚、神经衰弱、气血不足、癌症患者，尤其适合脑力劳动者和青少年，而核桃多食会生痰，腹泻、阴虚火旺者、痰热咳嗽、便溏（大便不成形，形似溏泥）腹泻、素有内热盛及痰湿重者均不宜食用。

　　核桃含有较多脂肪，多食会影响消化，所以不宜一次吃得太多，一般以5~6个为宜。此外，食用时为保存营养也不宜剥掉核桃仁表面的褐色薄皮，否则将损失较多的营养物质。

　　中医言核桃不能与野鸡肉一起食用，尤其是患有肺炎、支气管扩张、肺结核的病人不宜食之。由于核桃有生热、生痰的特性，而白酒也属甘辛大热，因此不宜与酒同食。据宋朝马志著《开宝本草》言："饮酒食核桃令人咯血"，就是血热所致。

2. 榛子的食用宜忌

虽说榛子是老少皆宜的食物，但是因为榛子含有丰富的油脂，过量食用后就会导致消化不良，因此不建议多吃。在未吃其他坚果，进食较少豆制品的情况下，小榛子一天吃20粒左右，大榛子吃10粒左右比较合适。

榛子含有大量的脂肪、蛋白质以及糖类，100克榛子仁中含有脂肪49.7克，蛋白质15.9克，糖类较少，热量能达到600多卡（1卡≈4.19焦耳），因此，肥胖者一定要控制榛子等坚果类食品的摄入量。此外高血压、高血脂、糖尿病患者以及胆肝功能严重不良的人群需要限制食用榛子等坚果类食物的，摄入过量容易加重身体不适。

3. 杏仁的食用宜忌

杏仁中含有苦杏仁苷，是一种有毒的化合物，但苦杏仁苷及其相关合成物苦杏仁苷也被作为癌症治疗的替代药物销售。然而，研究发现它们在癌症的治疗方面并无效果，并且口服时会导致氰化物中毒。其症状包括恶心、发烧、头痛、失眠、口渴、嗜睡、紧张、各种关节和肌肉疼痛和血压下降。苦杏仁的毒性来自于苦杏仁苷（也称为"扁桃苷"）水解释放出的氢氰酸，这种物质可以阻断细胞的呼吸链，妨碍ATP的产生。

1993年，美国纽约州农业市场厅对健康食品商店出售的两包净含量220克（8盎司）的巴基斯坦进口的苦杏仁零食进行了氰化物检测，结果表明，每包样品的氰化物含量相当于成人最低致死剂量的至少两倍，因此该产品在商店下架。据说苦杏仁苷最早被古埃及人用来执行死刑。在我国，也有幼童因为好奇，吃下过量苦杏仁导致死亡的惨剧。因此常有消费者认为杏仁"有毒"，不能多吃。其实，"杏仁有毒"这种说法是不够确切的。苦杏仁通常入药食用，若日常作坚果食用需限量。根据毒物委员会数据，氰化物致死的量约为0.5~3.5毫克/千克，相当于175磅（79.4千克）的男子服用80~560粒，140磅女子（63.5千克）服用65~455粒杏仁的量；日允摄入量估计为12~20微克/千克，即175磅的男子服用2~3粒/日，140磅女子服用1.5~2.5粒。这也是为什么儿童误食容易中毒的原因。所以苦杏仁是不能随意吃的，若用苦杏仁作为中药，用量必须遵照医嘱。每日0.6~1克的剂量对人体不具有毒性。

因此，如果吃下不经处理的杏仁，特别是苦杏仁，中毒的风险很大。杏仁中毒多是由于在水果成熟季节误食新鲜生杏仁而引起的。不过，氢氰酸的热稳定性并不强，只要稍加处理，苦杏仁就能变得很安全。有文献报道，对氢氰酸含量为0.1399%的苦杏仁，用60℃温水浸泡10分钟，捞出后脱皮晒干，氢氰酸含量就下降为0.0667%。通常山杏仁脱苦去毒可采用酸水解、碱水解和酶水解法。苦杏仁苷在酸性、加热条件下容易分解，而氢氰酸易溶于水。最简单的方法是用50~60℃的温水浸泡5~7天，每天换水一两次。如果用pH5~6的微酸性水来浸泡，3天后即可消除苦味。如果加热到70~80℃，脱毒速度更快。

值得注意的是，苦杏仁苷不仅存在于杏仁中，还广泛存在于杏、桃、李子、苹果、樱桃、山楂等多种常见水果的果仁中。很多人喜欢用水果榨汁喝，但若在榨汁前没有将这些水果的果仁去除，那么这些果仁经压榨，同样会使其中的苦杏仁苷水解，进而导致中毒。

因此，消费者不必过于担心误食或多食杏仁带来的风险。因为苦杏仁通常以入药为主，苦杏仁也通常用以加工杏仁露等风味饮料，但经过合理的加工，大部分苦杏仁苷已经被除去了，不必担心中毒问题。人们常作为休闲坚果零食的甜杏仁或仁用杏仁也是十分安全并是营养的健康食品，可放心食用。

4. 腰果的食用宜忌

我们都知道经常吃坚果对我们的身体是有好处的。但再好的东西，也不能过量。因此当你吃腰果的时候，就应该知道腰果吃多了会怎样？好避免因为食用过多腰果而伤害身体。那么，腰果吃多了会怎么样呢？

(1) 引起消化不良

腰果中油脂、蛋白质含量高，吃多后可能会加重身体肝脏和肾脏的工作负担，可能出现消化不良的情况，常常表现为呕吐或腹泻等。

(2) 加重身体疾病

腰果虽然营养价值高，但是多吃也不宜身体健康，特别是胆囊炎或腹泻人群，多吃腰果后还可能加重病情。对于一些患者来说，最好咨询医生看能否吃腰果。

(3) 引起上火

腰果中油脂含量高，吃太多腰果后可能出现口腔油腻，感觉恶心，有的还会出现口腔黏膜损伤，出现口腔溃疡等问题。因此多吃腰果是可能引起上火的。

(4) 引起肥胖问题

腰果热量高达每100克含552千卡，油脂和碳水化合物含量也很高，多吃腰果后可能引起体内脂肪堆积，造成身体肥胖问题。尤其是易胖体质的人群应该少吃或结合适当运动帮助脂肪消耗。

(5) 引起过敏反应

因为腰果中有多种过敏原,多吃会增大过敏的可能和加重过敏者的过敏症状。过敏表现症状为喉咙刺痒、流涎水、眼睑红肿或呼吸困难等。对于易过敏人群应该先尝试1~2颗,确定是否对腰果过敏,不能贪吃引起过敏反应。

5. 松子的食用宜忌

由于松子润肺、滑肠又补身,有软化血管及防治动脉粥样硬化的作用,所以特别适合年纪较大、体质虚弱、便秘者、心脑血管疾病和慢性支气管炎患者适量食用。但松子富含油脂,能量较高,每日松子的食用量应不超过20克。热咳痰多、脾胃虚弱、有腹泻症状者、胆功能严重不良者不宜食用松子。

6. 板栗的食用宜忌

板栗含有丰富的不饱和脂肪酸、多种维生素和钙、磷、铁等多种矿物质,可预防和辅助治疗高血压、冠心病、动脉硬化等心血管疾病,可补肾壮腰、强筋健骨,缓解中老年骨质疏松的症状,所以特别适合患气管炎,有咳喘、尿频、腰酸背痛、腿脚无力症状者及年纪较大者食用。同时,板栗可强身健骨,利于骨盆的发育成熟,富含叶酸,可预防婴儿神经管畸形,特别适合孕妇食用。

但板栗不易被消化,因此脾胃虚弱、消化不良者、婴幼儿不宜多食,每日板栗的食用量应不超过10颗为宜。同时,板栗是高热量食物,因此糖尿病患者、想保持体重者不宜饭后食用,易导致摄入过多热量。

7. 开心果的食用宜忌

虽然开心果是一种老少皆宜的食品，但它毕竟属于坚果类的食品，含有很丰富的油脂类的物质，一次吃10粒开心果相当于吃了1.5克单不饱和脂肪酸。所以不宜多吃，不然容易发胖。开心果要"食可而止"，每次50克左右为宜。此外，经过实践证明，开心果吃多了会上火，引起牙痛、毛囊炎、便秘等症状。临床上，有食用开心果引起过敏性休克的报道，因此，过敏体质者应慎用。另外，果仁颜色是绿色的比黄色的要新鲜，储藏时间太久的开心果也不宜再食用。

8. 夏威夷果的食用宜忌

夏威夷果的热量在坚果中是数一数二的，每100克夏威夷果的热量是718大卡、脂肪74克，可见夏威夷果的热量和脂肪含量都非常高，想用夏威夷果作为减肥食品只能"绕道而行"了。《中国居民膳食指南（2016）》建议，平均每天"大豆类+坚果"的总量在25～35克比较合适。例如：如果每天吃大豆25克左右，那么坚果可以吃10克，大概3～5个夏威夷果。

如果偶尔想多吃几个夏威夷果的话，一方面可以拿夏威夷果来取代一部分食用油的使用。多多开发夏威夷果吃法的同时，减少炒菜油的摄入，例如夏威夷果版的"果仁"菠菜、坚果沙拉、大拌菜等。另一方面食用夏威夷果要减少大豆的摄入，如此才能保证每天热量不超标。

9. 山核桃的食用宜忌

腹泻、便溏（大便不成形，形似溏泥）、阴虚火旺、痰热、咳嗽、内热旺盛、湿重者均不宜食用山核桃。和核桃一样，山核桃含油量大，每次食用量不能过大，吃过量反而会给身体带来反作用的效果。每次吃山核桃的时候，吃3粒左右为宜。如果要将山核桃药用，必须结合病情，遵中医医嘱，不可替代药品。

10. 白果的食用宜忌

白果除了含有丰富的营养成分之外，也含有有机毒素。白果果仁外皮中的白果酸，果核仁中的白果酚、白果酸、银杏毒和氰苷等都是有害物质。这些白果毒素被吸收后会引起神经性中毒，其可能会引起末梢神经系统障碍。中毒者会出现惊厥、头晕、乏力、昏迷、反应差等症状，中毒严重者会抑制呼吸中枢，表现为中毒性脑病。现代药理研究表明，白果所含的有机毒素能溶于水，毒性强，其毒性以果仁内绿色的胚芽为最毒，毒素遇热能减轻毒性，故生食极易中毒，而熟食者相对安全。为避免中毒，人们在食用白果时应去种皮、胚芽，煮熟透后再可食用。此外，白果中有一种类似鹰碱的有毒物质，若将它的溶液注入实验动物内，动物可出现抽搐，最后会因延髓麻痹而死亡。

关于白果中毒问题近年来常有报道，大多是因为生食、炒食或烧食白果过量导致。每当进入白果成熟季节，炒白果是人们喜爱吃的干果食品之一，也是白果中毒高发原因之一。一般认为引起中毒及中毒的轻重与年龄大小、体质强弱及服食量的多少有密切关系，年龄越小中毒的可能性越大，中毒程度也越重。服食白果量越多，体质越弱，则中毒越重。有报道称幼儿生食5～10粒即可引起白果中毒。目前医药界认为，炒熟后毒性降低，但一次食入量也不能过多，并且规定5岁以下的幼儿禁止吃白果。有资料显示生吃白果5～12粒不等，或自家炒熟或烧熟后食用7～60粒不等，均有可能在食用白果1小时后急性发病。中毒症状以中枢神经系统为主，表现为惊厥、神智呆板、体温升高、呼吸困难、呕吐、腹泻等。在医治时对食用白果少、病症轻的患者应刺激其咽喉部予以催吐，反复多次直至呕吐干净。对食用量多、症状重或出现昏迷的患者应立即洗胃。白果中毒主要是因生食白果或是食白果过量为主要病因，在抢救过程中要早发现、早诊断、早治疗，及时有效治疗减少毒物的吸收及加强对症治疗，提高疗效、缩短病程。在抢救患者的同时预防中毒宣教也是很重要的。病例多数为农村患儿，可能是由于患儿及其家长不了解白果的毒性和正确的食用方法，导致患儿进食白果过量或进食未烤熟的白果，从而导致患儿中毒引起一系列临床症状。如何避免食用白果中毒？以下几方面要注意：

①生食或熟食过量会引起中毒。食用前应去掉胚和子叶，先用清水煮沸，倒去水和内种皮后，再加水煮熟或用于烹饪。白果内含有少量氰苷，在一定条件下可分解为毒性很强的氢氰酸，因此如果不是为达到治疗目的绝不能生吃，虽然遇热后毒性会减小，但也不能大量食用以及长期使用，此外，不可将白果与鱼一起食用。

②对于成年人来说，一般一次不要食用超过10粒就是安全的，而孩子则不宜超过5粒，而5岁以下的幼儿应禁吃白果。手术后的病人、孕妇、生理期的妇女也应避免服用银杏叶，以免造成流血不止的意外事件。千万不可以将银杏与阿斯匹林或抗凝血状物同时服用。如果将银杏与阿斯匹林合用，会延长凝血时间，容易造成出血不止。

③在采摘和清洗白果的过程中，应戴上手套，并用冷水冲洗。已经过敏的病人，千万不要用热水洗手，那样会加重病情，不要随便涂抹药膏，更不要乱抓乱挠，一定要及时就医，防止过敏症状加重。

11. 扁桃仁的食用宜忌

扁桃仁虽然营养丰富、口感清脆，深受消费者的喜爱，但是也不能过度食用，尤其是婴儿更不能多吃，且孕妇切记不能食用。此外，身体虚弱且咳嗽者也不宜食用扁桃仁。

苦扁桃仁的尖和皮含有氰苷等有毒成分，它在胃肠道中水解后可放出剧毒成分氢氰酸。氢氰酸能很快被人体吸收后进入血循环，作用于人体各部分细胞，使细胞不能正常呼吸，组织普遍缺氧。氢氰酸作用于呼吸和心血管中枢，主要表现出神经中毒症状。初时呕吐、恶心、头痛，继则心悸、胸闷、全身乏力，最后常因呼吸麻痹而死亡。除苦扁桃仁外，生的李仁、桃仁也会造成同样的中毒症状。曾有报道青少年吃一粒扁桃仁而引发的中毒事件，一旦发现扁桃仁中毒要马上送医院治疗。如果路途遥远最好先洗胃。医生通常利用亚硝酸钠、硫代硫酸钠等解毒剂解毒，同时进行强心和兴奋呼吸中枢等方式急救，若救治不及时会导致死亡事故。

扁桃仁

(1) 哪些疾病的患者不适宜食用扁桃仁

痛风、高脂血症、甲状腺疾病、呼吸系统疾病、妇科疾病、皮肤性病、神经性疾病。

(2) 哪些人群不适宜食用扁桃仁

高温环境作业人群、接触电离辐射人员、接触化学毒素人员、运动员、宇航员。

(3) 哪些体质的人不适宜食用扁桃仁

湿热体质，痰湿体质，特禀体质，阴虚体质。

食用扁桃仁虽然对我们人体的健康能够起到很好的帮助作用，但是湿热型体质的朋友不宜食用。

(4) 哪些食物不能和扁桃仁一起吃

狗肉：扁桃仁富含蛋白质和油脂，属于油腻的食物，狗肉性温，一起吃很容易对我们的脾胃造成损害，出现腹痛的情况。

板栗：板栗虽然可以起到补肾强筋的作用，但是我们要注意扁桃仁和板栗是不能一起吃的，不然会增加胃的负担，出现消化不良和出现胃痛的情况。

猪肝：吃扁桃仁就不要再吃猪肝了，猪肝里面的一些成分会和扁桃仁的蛋白质生成人体不易消化的物质，不仅不会补充营养还会造成营养流失。

12. 鲍鱼果的食用宜忌

①肥胖者和"三高"患者少食用。鲍鱼果的含油量非常高，肥胖患者以及"三高"患者应当尽量少吃，以免鲍鱼果的油脂在体内起到反作用。另外，普通人在食用鲍鱼果的时候，一定要根据自身的身体状况来决定食用量，一般每次吃2~3个为宜，切勿一次进食过多，以免造成脂肪在体内堆积。

②发生霉变时不能食用。鲍鱼果容易受到黄曲霉菌的污染而发生霉变，由此产生一种剧毒物质——黄曲霉毒素，它会导致人发烧、呕吐，甚至会危及生命。此外，黄曲霉毒素还有致癌能力，对人体脏器的损害极大。因此，千万不能吃发霉的鲍鱼果。

③当鲍鱼果有哈喇味时，绝不能食用。鲍鱼果中含有大量的不饱和脂

肪酸，储存不当或长时间存放就会产生酸败现象，出现"哈喇味"。这种鲍鱼果对人体有危害，其危害之处在于，一方面使原有的味道变差，产生刺喉的辛辣味；另一方面鲍鱼果中油脂酸败的产物还威胁身体健康，如果大量食用，轻则引起腹泻，重则可能造成肝脏疾病。

13. 碧根果的食用宜忌

一般人群均可食用碧根果，一年四季均可食用。碧根果的美味和营养毋庸置疑，但食用起来也不能"口无遮拦"。坚果的热量都比较高，每100克碧根果仁可产生670千卡热量，是同等重量粮食所产生热量的两倍，吃多了会发胖，故每天的食用量在5个左右，同时多食也会影响血脂。市场上出售的碧根果，多数经过了调味等加工，多吃也无益；椒盐味的也要尽量少吃，否则会造成摄入盐分过高。如可能，买没有加工过或是原味的，这样才是真正的健康食品。

①睡前尽量不要吃碧根果。碧根果热量高，而且不易消化，容易让身材发胖，走形。

②炒熟的坚果中钠含量相对较高。因此，果仁吃多了，也就相当于多吃了不少盐。要知道，膳食指南中推荐的每人每日不超过6克盐。

③肾虚肺虚、神经衰弱、气血不足、癌症患者多食，尤其适合脑力劳动者如白领和青少年。

④腹泻、阴虚火旺者；痰热咳嗽、便溏（大便不成形，形似溏泥）腹泻、素有内热盛及痰湿重者不宜食用。

14. 香榧的食用宜忌

虽然香榧子的营养价值很高，但是由于榧子所含油脂较多，因此有痰热体质者应尽量少吃。此外，榧子不要与绿豆同食，否则容易引发腹泻。榧子性质偏温热，多食会使人上火，所以咳嗽咽痛并且痰黄的人暂时不要食用；食用榧子容易产生饱腹感，所以饭前不宜多吃，以免影响正常进餐，尤其对儿童更应注意。榧子有润肠通便的作用，本身就腹泻或大便溏薄者不宜食用。

香榧是原产于中国的古老树种，现在香榧的种植面积逐渐扩大，资源逐渐丰富，已成为深受人们喜爱的坚果类食品。香榧不仅可以直接食用或炒制，还可广泛应用于医药、保健品等领域。随着生活水平的不断提高，人们对食物口感和养生、保健日益重视，香榧将越来越受消费者的认可和青睐。

15. 橡子的食用宜忌

大量研究证明，影响人或动物对橡子进行消化利用的主要障碍是单宁。橡子中单宁含量较高，在食用过程中，不仅适口性差，还会在消化道中与蛋白质、糖类等形成不易消化的复合物，从而降低蛋白质、纤维素、淀粉和脂肪的消化吸收率。此外，单宁在消化道中也会与矿物质如钙、铁、锌复合，减少其吸收，而且对人畜中枢神经和肝脏毒性较大，过多食用未经脱单宁处理的橡子淀粉及其制品，会引起头晕、恶心、腹胀、便秘和厌食等症状。所以，在橡子的加工中一般要先脱除单宁。

目前国内橡子加工企业多采用传统脱单宁方法，即用大量水反复浸泡，浸泡时间约6天左右，每天换水1~2次。热水浸泡可大大缩短浸泡时间，但仍需2天以上。如将橡子仁破碎成粒度为2毫米的颗粒后再浸泡，则可以大大提高脱单宁的效率。此外，超声波助提、微波助提等技术均是较为先进的单宁脱除方法。

此外，依据古籍记载，痢疾初起，有湿热积滞的人群不宜食用橡子。

《本草经疏》：湿热作痢者，不宜用。《本草汇》：火病人忌之。

16. 葵花籽的食用宜忌

①不要吞食葵花籽壳，因为坚硬的瓜子壳会损伤消化道，导致胃部出现问题。

②尽管葵花籽不易致敏，但仍有部分人食用后会出现不适症状，如打喷嚏、胃部发炎、呕吐和眼部皮肤瘙痒。

③老年人不宜多吃葵花籽，因为葵花籽中含有大量不饱和脂肪酸，过度摄入会消耗许多胆碱，造成体内脂肪代谢失调，导致许多脂肪蓄积在肝。

④葵花籽中含有大量草酸、嘌呤，人体摄入后会导致尿酸增加，所以患肾脏病的人不宜食用、患通风病的人不宜食用。

⑤由于葵花籽在加工过程中，为了提升口味，还会加入大量的味精和食盐，容易让人们在过量食用后，因口渴使劲儿喝水。当大量盐和水分进入体内，便会潴留在血管内，令患有高血压的老人症状加重。大量食用这些含盐分较高的食品，也容易导致上火，或出现口腔溃疡等情况。此外，老年人的牙不像年轻人那么坚固，过多食用这类食品，对牙也会产生影响。

17. 西瓜子的食用宜忌

老少皆宜，每次约50克。患咳嗽痰多和咯血等症的病人宜多食。此外，食欲不振和便秘患者也宜食用。西瓜子含有不饱和脂肪酸，有助于预防动脉硬化、降低血压，适合高血压病人。

但是西瓜子也不能吃得过量，吃得太多会伤肾。尽量不要给婴幼儿吃，以免吸入气管发生危险。不宜长时间嗑瓜子，会伤津液而引起口舌干燥，甚至口舌磨破、生疮，且伤胃。

需要注意的是：

①食用西瓜子以原味为佳，添加各种味料做成的瓜子不宜多吃，咸瓜子吃得太多会伤肾。

②长时间不停地嗑瓜子会伤津液，导致口干舌燥，甚至口腔膜破、生疮。

③西瓜子壳较硬，嗑得太多对牙齿不利。

18. 南瓜子的食用宜忌

虽说南瓜子里含有非常丰富的营养物质：铁、锌、镁、锰和健康的脂肪。但是它同样也有一定的副作用，南瓜子的每天用量以不超过50克最佳。曾有因食用南瓜子过量而导致头晕的报道，有些人吃多了会有恶心的感觉，那是因为南瓜子太油腻了，肝脏吃不消。患有慢性肝炎、脂肪肝的患者不宜吃南瓜子，因为南瓜子有小毒会影响肝脏功能，并可引起和加重肝内脂肪浸润。每100克南瓜子（去皮）所含热量大于570千卡，比同等重量的米饭、猪肉、羊肉、鸡鸭肉所含热量高。不加限制地食用会增加热量和脂肪摄入，使体重增加、血脂升高，不利于血糖和血压的控制。

胃热病人宜少食，否则会感到脘腹胀闷。

19. 花生的食用宜忌

花生虽好，也对一些人群有一定的危害。花生脂肪和蛋白质含量非常高，那些体寒湿滞、脾虚便泄，以及有胃肠道疾病的人不宜食用，否则会加重腹泻；花生能增进血凝、促进血栓形成，所以血黏度高或有血栓的人不宜食用；花生含

变质花生

油脂多，消化时需要多耗胆汁，因此肝胆病患者不宜食用，会加重肝脏负担；皮肤油脂分泌旺盛、易长青春痘的人，也不宜过量进食花生；阴虚内热者，忌食炒花生，以免助热上火；花生霉变后忌食，因为霉变后会产生致癌性很强的黄曲霉素。

20. 莲子的食用宜忌

莲子具有很高的营养价值和药用价值，是中国传统药食两用的特色食品，种植面积广，资源丰富，已成为出口创汇的特色农产品。莲子不仅可加工成系列传统食品、药膳等多种形式的食品，还可广泛应用于医药、保健品等领域。随着生活水平的不断提高，人们对养生、保健日益重视，莲子将越来越受消费者的认可和青睐，在食用莲子时要根据个人体质，适时适量食用，选择正规的购买渠道。

普通人基本都可以食用莲子，但是莲子涩肠止泻，中满痞胀及大便燥结的人最好不要食用莲子，特别是年老体弱者。这个用药宜忌在古代医药

书籍中就曾提到，如《随息居饮食谱》一书中写到："凡外感前后，疟、痘、疳、痔，气郁痞胀，溺赤便秘，食不运化，及新产后皆忌之。"此外，虽然莲子适用于轻度失眠人群，但如果长期食用莲子，会对患者身体产生较大伤害，如患者产生药物依赖性。并且莲子是不宜空腹服用的，莲子芯苦寒，也不适宜食用，胃寒怕冷者不能喝莲子芯茶。

21. 芡实的食用宜忌

现代研究表明，芡实中含有碳水化合物、脂肪、蛋白质、粗纤维、钙、磷、铁等多种营养物质，但同时过量食用芡实的副作用也是不容小觑的。在《随息居饮食谱》中有关于芡实的宜忌："凡外感前后，疟痢疳痔，气郁痞胀，溺赤便秘，食不运化及新产后皆忌之。"

①芡实有收敛的性质，因此便干、便秘、尿赤者及妇女产后不宜食用，一般人也不可用芡实替代主粮。

②芡实一般分生用和炒用两种做法，其功效不同。生芡实主要以补肾为主，而炒熟或炒焦的芡实则以健脾开胃为主。芡实的炒制对火候有很高要求，同时需要加麦麸等，不适宜家庭制作，一般在药店有售。

③无论是生食还是熟食芡实，一次切忌食过多，否则会难以消化。常言道："生食过多，动风冷气，熟食过多，不益脾胃，兼难消化，小儿多食，令不长。"所以平时有腹胀症状的人更应忌食芡实。

④自身火盛、上火、手心发热的人不适宜食用。此外，食滞不化者慎服芡实，大小便不利者禁服芡实。

四、

热知识、冷知识

1. 纸皮核桃、薄皮核桃、厚皮核桃的区别是什么

薄皮核桃、厚皮核桃都是核桃的不同品种，显而易见，它们在外壳的厚度上有所差异。薄皮核桃易于剥壳，而厚皮的就只能借助工具了。这2种核桃同样具有核桃固有的营养价值，但皮厚一些的抗氧化活性等相对略高，且更加不易氧化变质。

纸皮核桃因皮薄如纸、易取整仁而得名，又名露仁核桃，无性系，分布在海拔1 700～2 400米，营养丰富。我国纸皮核桃主要产地分布在云南和新疆，由于气候和土质等原因，新疆纸皮核桃产量及品质比云南品种略高，尤以新疆阿克苏区域的产品为佳。论起来源，纸皮核桃还算是薄皮核桃的"弟弟"，是薄皮核桃经过多年育种之后研制出的新品种，品类较薄皮核桃少很多。

2. 山核桃是核桃吗

山核桃无论名字还是外形，与核桃都极为相似，但山核桃是一种落叶乔木，属胡桃科山核桃属，和核桃不属于一个种，所以它们只能算是远亲。现有的山核桃约有20个种，中国为原产地之一。但值得说明的是，山核桃和核桃同样具有很高的营养价值，这个是不争的事实。

3. 什么是"水漏榛子"

水漏榛子一般指的是经过水漂选法筛选出来的榛子。果实成熟的榛子

仁会很饱满，使榛子比较重，放入水中会沉入水底。而不成熟的榛子内里比较空，在水中会漂浮起来。经过水选后的榛子个个饱满，比用手挑选的榛子品质更好。

4. 喝杏仁露饮料真的有那么好的保健效果吗

杏仁露是以天然野生杏仁为原料，配以矿泉水制成的植物蛋白饮料。其洁白如奶，细腻如玉，香味独特，可作为普通牛奶的代替品，一般认为其不含胆固醇和乳糖，有益于健康。

杏仁露

由于杏仁本身的营养价值，杏仁制作成饮品之后仍然能保持大多数营养成分（丰富的蛋白质、必需与非必需氨基酸、亚麻酸、多种维生素及矿物质），因此仍然具有润肺止咳、调节血脂、防止动脉硬化、降低人体内胆固醇的含量、调节非特异性免疫功能等功效，还能有效预防和降低心脏病和很多慢性病的发病风险。此外，杏仁露还有美容养颜的功效，能促进皮肤微循环，使皮肤红润光泽，是老少咸宜的功能型饮料。

但有必要提醒消费者的是，饮料能提供的日常所需的营养可能只占人体蛋白需求的1/20到1/10，其他植物蛋白饮品如豆浆等也能提供等量甚至更多的优质蛋白。此外，由于杏仁本身味道微苦，商家在生产工艺中需要加入糖来调整口感。通常包装杏仁露的配料表中标明的主要成分是水和白砂糖，其次才是杏仁，如果过量饮用，不仅对营养的补充起不到太大作用，反而有引起人体糖摄入量超标的风险。因此，如果仅从追求其保健功能来看，直接食用杏仁是最好的选择。每天吃一小把甜杏仁，既可以满足日常所需营养，又不容易造成肥胖，甚至还有助于减肥降脂。

5. 腰果是吃生的好还是熟的好呢

腰果被中国植物图谱数据库收录为有毒植物，是因为腰果的果壳和种皮有毒，果壳含有一些化学物质，会侵蚀人的皮肤，腰果一开始还是当作毒药来用，而不是现今的美食食用。腰果果壳外皮的提取物与皮肤接触，会导致刺痛、红肿起泡等，果皮的毒性比果壳相比要弱一点，因此生吃腰果前，要先用水把腰果浸泡5小时以上再食用，以避免中毒。

因此，腰果生吃熟吃都可以，但不管是营养、口感或安全性，熟吃腰果都要高于生吃腰果。其好处包括：

①便于营养成分吸收。腰果经过油炸或烹煮后，其中丰富的脂溶性维生素能更好溶出，便于消化吸收，尤其是胡萝卜素。

②改善风味口感。油炸的腰果香气更加浓郁，口感更脆。腰果与其他食材一起做菜还能通过营养互补提高食物营养价值。如腰果和西芹，两者能互补，营养价值高而且具有开胃消食的功效，这样食用要比单一食用更合理。

③杀灭有害微生物。有的腰果没有经过特定的包装而出售，腰果表面可能会有较多微生物或杂质。腰果经过洗净、高温处理后能除去腰果表面的有害微生物或杂质，保证腰果的安全性，避免引起肠胃不适。

但需要提出的是，消费者在市面上经常购置的腰果零食多是已经经过熟制处理的熟制产品，已经把有毒的表皮都处理了，剩下的是腰果果肉盐焗、炭烧后形成的一层表面，是可以吃的，所以不用担心零食类的腰果的皮不能吃。

6. 板栗怎么去壳最方便

板栗怎么去壳最方便
扫一扫，了解更多吃的科学

①在板栗外壳的顶部，先用锋利的小刀削去一小块皮，切口以不切伤果肉为宜，然后再用刀除去外壳和薄皮。

②在板栗外壳上划出刀口，放入烤箱高温烘烤，板栗会自然开裂，冷却后去外壳和薄皮。

③在板栗球形外壳上划出刀口，放入开水中烫泡几分钟，再用冷水过凉，从开口处去外壳和薄皮。

7. 开心果与白果的区别是什么

开心果和白果外形相似，没有吃过白果的人常把二者混淆。白果又称银杏、公孙树子，是银杏的种仁。开心果又名"无名子"，类似白果，开裂有缝，这与白果不同。两种坚果的不同主要表现在：

(1) 科属不同

开心果属于漆树科，黄连木属，开心果种；白果则属于银杏科，银杏属，银杏种。

(2) 外形不同

开心果的果实呈卵形或广卵形，稍扁，长1.3~2.2厘米，宽约1厘米，棕黄色至紫红色，先端尖，基部截形，有果柄残痕，表面有纵行略扭曲的棱条纹和断续的点状突起，果皮易开裂，果核长1.2~2厘米，卵圆形或椭圆形，先端尖，光滑，灰白色，果壳坚硬，厚约1毫米，种子表皮呈灰棕色或带紫红，基部种脐呈长方形疤痕状，痕长约3毫米，内部绿色至淡绿色，气微，味微甘香。白果为椭圆形，长1.5～2.5厘米，宽1～2厘米，厚约1厘米，表面黄白色或淡黄棕色，平滑坚硬，一端稍尖，另端钝，边缘有2～3条棱线，中种皮（壳）质硬，内种皮膜质。一端淡棕色，另端金黄色，种仁粉性，中间具小芯。

(3) 口感和功效不同

开心果性温，味辛、涩，口感发脆，具有温肾暖脾、补益虚损、调中顺气的功效，能治疗神经衰弱、浮肿、贫血、营养不良、慢性泻痢等症；白果性温，味甘，微苦、涩，口感绵软（类似红薯干的口感），小毒，具有温肺益气、定喘咳、缩小便、止带、止泻、益脾的功效。

开心果

白果

8. 你知道世界开心果节吗

每年的2月26日是世界开心果节World Pistacho Day（WPD），全世界的开心果爱好者将在这一天举行各种各样的庆典，来为这颗小小的，却古老的坚果

开心果节标志

庆生。世界开心果节并非一个官方认可的节假日，但对于世界开心果的爱好者来说，每年的2月26日已经成为了一个具有特别意义的日子。

9. 吃开心果能减肥吗

关于吃开心果减肥的说法其实是由于吃开心果需要花费较长的剥壳时间，而让人产生吃饱的感觉通常需要20分钟，所以相对于其他坚果，吃开心果可以更易让人产生饱腹感和满足感，从而帮助减少食量和控制体重。显然，这是个吃法问题，要想减肥还是不可多吃。

10. "三高"人群能吃开心果吗

"三高"人群可以吃开心果，但不要吃得太多。因为开心果属于坚果类，油脂含量比较高，对血脂、血糖控制不利。"三高"人群的饮食原则是低盐低脂饮食，每天食盐摄入量6~7克，推荐吃粗粮，含糖量低的水果蔬菜，少吃油炸食品，含油脂多的坚果、肥肉、蛋黄、动物内脏等，戒烟酒。此外，"三高"人群应避免食用盐焗类口味重的开心果。盐焗的制作方式使坚果所含的一些营养物质，如维生素等丢失，失去它原有的一些作用不说，它还成为了一种高热量、高盐量的食物。"三高"人群更不应食用有哈喇味的开心果。开心果中的脂肪酸产生了酸败，其有两方面危害，第一方面是使坚果的味道变差，产生刺喉的辛辣味。另一方面坚果中油脂酸败的产物，如小分子的醛类、酮类等对这类人群的健康更加不利。

11．孕妇能吃开心果吗

开心果是高营养的食品，每100克果仁含维生素A20微克、叶酸59微克、铁3毫克、磷440毫克、钾970毫克、钠270毫克、钙120毫克，同时还含有烟酸、泛酸、矿物质等，对孕妇和胎儿均有好处。所以，推荐孕妇吃开心果。

12．怎样才能打开外壳坚硬的夏威夷果和鲍鱼果

夏威夷果和鲍鱼果的外壳非常坚硬，且自然开口的不多，该如何打开外壳坚硬的这些坚果呢？

(1) 有裂缝时

为方便食用，夏威夷果和鲍鱼果一般经加工后都会留有裂缝，开口后的鲍鱼果无需工具直接用牙齿咬也可以开启；

而在购买夏威夷果时，商家都会赠送一个特定的开果器。把开果器插到夏威果的开口处，顺时针旋转，或者垂直用力，很顺利就能打开了。如果没有完全撬开，可以使用牙签儿或者直接使用开果器，果肉就可以取出来了。

若没有开果器时怎么办？可以这样做：

①找类似开果器的东西代替，比如勺子、一字螺旋刀、夹文件的小夹子、指甲钳的后盖、一块钱硬币（太厚就用五毛钱）、钥匙、尖刀等也可巧妙代替。或者砸开一个夏威夷果，用这个夏威夷果壳来开其他的夏威夷果。

②直接用锤子砸。不过记得砸它的底部，壳儿就会裂开，如果砸的是侧面，一是不容易砸开，另外容易砸碎。同时，记得下面放块木板或者一条布，以免损坏地板或桌子。

③布袋砸地法。将夏威夷果装进布袋里，拿起布袋，砸硬硬的地面或是墙壁，砸不到两三下，夏威夷的硬壳就破开了。果肉都出来了，但是有时候会遇到抠不出果肉的情况，这个时候可以用核桃夹，轻轻地夹一下，壳就碎了，

坚硬的夏威夷果

果肉就落碗里了。当然，最好在地面砸，砸墙的话容易砸出一个个窝，不美观。

(2) 没有裂缝或裂缝变小怎么办

以上介绍的方法，都是在鲍鱼果或夏威夷果有开口的情况下适用。我们也会遇到个别没有裂缝，或者买回来有裂缝但由于受潮裂缝变小的情况，可以尝试以下方法：

①可以放在干燥的地方，随着果壳变干变硬，裂缝会慢慢变大。

②用锤子砸，掌握好力度，防止把果肉敲碎或者果壳迸溅伤人。还要记得下面放快木板，以免把地板或桌子敲坏。

13. 有关鲍鱼果的趣味知识您了解吗

(1) 鲍鱼果的原生性

鲍鱼果只有生长在原始森林中才会结果实，原始森林内通常会有一种兰花，而这种兰花会间接影响鲍鱼果的授粉及结果。这种兰花会发出吸引雄性蜜蜂的味道，而雄蜂会利用这种味道吸引雌蜂来交配。没有这种兰花，雌雄蜂不会交配而导致蜂数减少，蜜蜂数量减少会使得鲍鱼果的花无法完成授粉及结果。如果森林里兰花与蜜蜂两者都有时，鲍鱼果的花可以顺利

完成授粉，花授粉后果实需要14个月的时间才会成熟。

(2)"深林炮弹"

鲍鱼果的果实外面有木质化的硬壳，壳的厚度约0.8～1.2厘米，里面有8～24颗种子，种子三角形，长4～5厘米。果子成熟后便坠落到地上。由于树很高，果落地速度可达80千米/小时，加上其外壳坚硬，重量较大，落地时足以砸碎动物的头骨。在果子成熟季节，人们最好不要靠近树底下。因此，鲍鱼果又被戏称为"森林炮弹"。

(3) 鲍鱼果与啮齿动物

森林中各种生物的关系是互相关联的，再硬的壳也有动物能咬开。在果实的一端有一个小孔，大型的啮齿类动物，例如刺豚鼠，会利用这个小孔来咬开果实，食用里面的种子，吃剩下的种子会被埋藏起来，供以后食用，这些被埋藏起来的种子有些会萌芽长出新的树苗。

14. 你知道碧根果和核桃的区别吗

(1) 产地

核桃的原产地主要分布在中亚、西亚、南亚和欧洲等地，我国的新疆、甘肃、陕西、河北、云南、山西、四川等地区都有种植核桃。碧根果则是美国山核桃的果实，盛产于澳洲、北美等国家，我国主要产地仅新疆维吾尔自治区，浙江省现在也开始少量试种。

(2) 外形

碧根果与核桃的外形区别非常明显，核桃的外形比较圆，壳很厚而且硬，比较难打开，而且核桃的果肉看上去更像人的大脑。碧根果的外形是椭圆形的，相比核桃来说比较长，并且它的外壳不仅薄而且脆，容易开。

(3) 营养

两种坚果都富含营养。两者在脂肪含量上有较大的差异。碧根果是一个活脱脱的"小油壶"和能量"炸弹"，每100克碧根果的热量高达710卡路里，脂肪含量高达74.27克，摘得坚果界的脂肪亚军，属于坚果中"富得流油"的典型代表，所以吃起来会那么香。而核桃的脂肪含量就没有这么"夸张"了，核桃脂肪含量为58.8%，这个含量在坚果中大概属于中等水平，比碧根果少得多。核桃的蛋白质含量比碧根果高不少，达到14.9%，而碧根果只有9.5%。核桃中蛋白质含量比鸡蛋还要高，脂肪低蛋白高，这是它相对于碧根果的营养优势之一。在其他营养素含量方面，两者差别不大。要说性价比哪个高，还是核桃更胜一筹。

15. 你知道怎么区分橡子和榛子吗

橡子和榛子在外形上十分相似，但仔细比较，它还是存在差异的。橡子是栎树的果实，长的比较长，形似蚕茧。脑壳上扣着半个盖子，外皮为硬壳，棕红色，内仁如花生仁，含有丰富的淀粉。榛子则较圆，是榛树的果实，形似栗子，外壳坚硬，果仁肥白而圆，有香气，含油脂量很大，吃起来特别香美，余味绵绵。

榛子

橡子

16. 腰果过敏怎么办

腰果中含有多种致敏原，对于过敏性体质的人来说，吃了腰果，常常会引起过敏性反应，严重者吃1～2粒，就可能引起过敏性休克，如果抢救不及时，甚至可能产生死亡等严重后果。有很多成年人及儿童因为过敏而不得不对腰果说"不"。在我国也同样如此，很多人在对腰果产品垂涎三尺的同时，却不得不对它们摇头摆手。

在采收和剥壳加工过程中，约有30%的接触者会发生过敏反应，也有人食用腰果仁也会过敏。在炸油、开壳、烘干、脱膜等工序中，以开壳过程最容易引起过敏。其主要临床表现为接触性皮炎，皮肤瘙痒、水肿、红斑、血疹、水疱、渗液等。手掌、上肢、面颈部、下肢为多发部位。严重者小儿全身起风团，成年人出现过敏性休克，最终危险的莫过于呼吸道水肿。

因此，为了防止过敏现象的发生，没有吃过腰果的人，可先吃1～2粒观察自己吃后是否有不良反应，如口内刺痒、流口水、打喷嚏等，如果没有反应便可放心吃；有过敏史（包括对食物和药品过敏）者，容易对腰果过敏，这种人最好不要吃腰果。孕妇在吃腰果的时候，一定要注意的是，如果孕妇是过敏体质的话，一定不能吃腰果，即使怀孕前未过敏，怀孕后也要先检查下有没有过敏症，过敏者是不能吃腰果的。因为会导致身体出现一系列的过敏反应，危害到宝宝的健康。

另外，看似对腰果过敏的人群，也可能是对目前市面上出售的各类腰果产品中的重口味佐料过敏。这个时候，如果自己还对吃腰果抱有一定希望，或者实在不忍拒绝它的美味，也可以试着品尝一下原滋原味、原生态的原生腰果，先吃上一两粒，待十几分钟后，如果不出现过敏现象再继续吃，否则应立刻停止。而一旦发现自己对原味腰果也产生了过敏反应，便要立刻远离之，甚至在不改变过敏体质的情况下以后也不要再吃了。

对腰果过敏患者，可使用地塞米松等可缓解症状，如顾虑其可导致发胖等副作用而不愿接受该药的治疗可尝试中药治疗。使用中药治疗疗程虽长，但副作用小。

17. 你知道美国大杏仁其实不是杏仁吗

在20世纪70年代，美国扁桃仁出口到我国时，被误译成"美国大杏仁"并广泛传播，这使得大多数消费者根本不知道扁桃仁、杏仁是两种完全不同的产品，长期被误导。事实上，经过坚果协会委托权威机构进行的"美国大杏仁"物理、化学性质检测与物种学鉴定证明，"美国大杏仁"并不是中国杏仁，它来自于学名扁桃（在中国俗称巴旦杏、巴旦木）的植物，在植物分类上归于蔷薇科扁桃属，与我国新疆所产的巴旦木属于同一果树，是一种十分重要的干果油料及药用树种，其核仁应该叫扁桃仁。调查发现，当年进口商为提价故意取名"美国大杏仁""加州大杏仁"。扁桃仁比杏仁产量高，营养低，因此初进中国时比杏仁便宜，但某些进口商为了卖出杏仁价，并迎合国人崇洋媚外的喜好，改名叫"美国大杏仁"，这样看来，通过名字来给商品涨身价不仅对消费者利益有所侵害，而且造成国产杏仁价格受挫，农户连年亏损，对中国本土的杏仁产

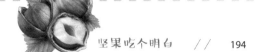
业、扁桃仁产业以及进出口国际贸易的正常经营活动均有所侵犯。

在多方努力下，为"美国大杏仁"揭开身份的工作还在继续，大多数坚果龙头企业都已经采取更名的措施，相关的标准也在逐步完善。

消费者购买时只要留意表面光滑的是杏仁，粗糙有蜂巢型孔洞的是扁桃仁；外壳坚硬的是杏仁，疏松易碎的是扁桃仁；粒型较大的是扁桃仁，较小的是杏仁；容易剥开的是扁桃仁，需要费些力气的是杏仁。这样肉眼就可以区分货架上的商品是否是你想要的了，是美国大杏仁，还是真正的杏仁，一目了然。去了壳包装的果仁区分的要领是，杏仁比扁桃仁个头稍小，表面更加光滑；形状更扁平，呈现一头尖一头圆的卵形；颜色稍深，肉质更紧实；吃的时候有杏仁的特有味道，微微有苦味。扁桃仁则较长，形似椭圆，颜色偏土黄色，果实有甜香味，表面可能粘有干燥后的桃胶和盐粒。

杏仁

扁桃仁

18. 你知道坚果和干果的区别吗

相信很多人都有这个疑惑，到底什么是干果？什么是坚果呢？它们是一个意思吗？傻傻分不清。看过本书后，相信大家已经对坚果的特点、定义、分类有了很明确的认识。坚果是植物的一类果实，通常用来泛指果皮坚硬的干果类，依植物学的定义，坚果是指由坚硬的果皮和种子组成的果实，且在果实成熟时果皮不开裂（闭果）。但在日常的定义下，只要有坚硬外壳及油性的果仁就会称为坚果。

而干果是指晒干或者烘干，带有果肉的水果果实干制品，例如大枣、蔓越莓干、西梅、桂圆干、枸杞等。日常生活中也把一部分坚果归类到干果里，这也是可以的，但坚果里是不包含果干的。

19. 购买到的坚果仁是如何工业化脱壳、去皮的呢

坚果壳一般较为坚硬，主要由纤维素、半纤维素等组成，有的坚果壳重占总重量的一半以上，有的和仁肉结合紧密，如果不借助工具或进行一定的预处理，普通消费者买来是很不容易去壳、脱皮的，因此，市面上已经脱过壳的坚果仁备受欢迎，价格也相对较高。那很多人就会有疑问，这么大批量的坚果仁是怎么生产的呢？安全性如何呢？

以葵花籽为例，市售瓜子仁或制葵花籽油都需要对瓜子进行脱壳，这当然不是工人磕出来或者手剥出来的，不仅不卫生，最关键的是，工作量巨大，可谓是不可能完成的任务。葵花籽脱壳机由来已久，型号、功能齐全，美国、日本、英国、瑞士等发达国家发展较快，基本多采用离心的原理，国内自1965年启动剥壳机研发的课题以来，不断有各种新式剥壳机问世，有单

一去壳功能的，结构简单、价格便宜、操作方便，被广泛推广；还有集去壳、分离、清洗、分选等功能于一体的大型综合性去壳机。

离心式剥壳机主要由水平转盘、打板、挡板、可调节门、料斗、卸料斗及传动机几部分组成。转盘上安装有几块打板，圆盘周围的机壳上固定着数块挡板，进料门可以通过调节高度控制进料量。当葵花籽投入料斗进入转盘，会以较大的离心力撞击壁面，撞击力使葵花籽外壳产生变形和裂纹。破裂的葵花籽外壳离开壁面，而子仁因惯性力的作用继续朝前运动，裂纹逐渐拉大直至完全破碎，实现壳、仁分离。最后通过过筛、风选等除杂。

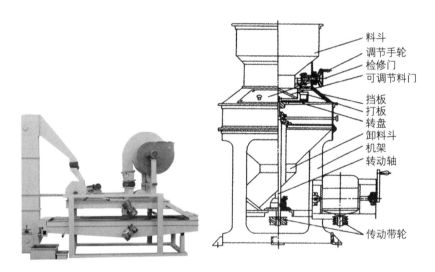

料斗
调节手轮
检修门
可调节料门
挡板
打板
转盘
卸料斗
机架
转动轴
传动带轮

离心式葵花籽脱壳机

板栗外壳脱除，现有的机械一般为剪切式脱壳机，主要原理是利用刀盘对壳、膜的剪切力实现的。板栗由提升机提升至分料管，分别被导入两个刀盘上，板栗受旋转刀盘离心力的作用，向边缘高速滚动。安装在盘面成轮辐状的锯齿刀对板栗外壳进行不断钩削、剪切，最终把壳剥离。

　　核桃的去皮包括几个步骤，首先脱除核桃壳外的青皮，利用滚刀高速旋切来切削青皮，随着核桃的自由滚动逐步切削完全，脱净青皮的核桃穿过滚刀区域运出，少量未削干净，残留的青皮利用旋转辊轮上的钢丝毛刷和半圆包围式短毛刷清洗干净，最后脱干净的核桃滚出加工区，收集起来干制。根据核桃品种的大小、青皮的薄厚来加减垫片，调整距离，以提高脱净率，防止破损。干核桃壳的脱除一般和其他硬壳坚果类似，利用撞击、离心、或挤压破碎等原理。有时要求用白净无仁衣的果仁来加工或作烹饪使用，而最难的环节就是脱除果仁上的仁衣，现有加工方式主要采用清水浸泡、碱水浸泡、高压喷淋、漂洗等方式去除。化学法处理较少见，而且对桃仁品质有一定的影响。

　　坚果脱壳的工业化、机械化不仅节省了劳动力，提高了生产效率和经济效益，还对果仁、籽仁商品性、洁净度、卫生性、安全性有很大保证。

参考文献

白羽嘉，王敏，陶永霞，等，甜杏仁和苦杏仁野黑樱苷水解酶基因的克隆 [J]．食品科学，2014．35（23）：226-231．

北蔚，文怡，美味杏仁健康相伴 [J]．中国食品，2008．No．507（11）：36 37．

曹军，裸仁南瓜子及南瓜子油的营养成分研究．刘玉梅等（313）[J]．

陈勤，李磊珂，吴耀，核桃仁的成分与药理研究进展 [J]．安徽大学学报（自科版），2005．29（1）：86-89．

陈莹婷，嗑：做一只会吃的松鼠 [M]．北京：中信出版社，2015．

陈西娟，白果蛋白的提取分离、结构表征及酶解制备多肽的研究 [D]．中国林业科学研究院，2010．

成纪予，杨梅核的综合利用研究 [D]．浙江大学，2008．

邓丽君，芡实物料特性的试验研究 [D]．南京农业大学，2012．

丁君毅，杭州特产山核桃 [J]．今日科技，1987（7）：41．

范志红，什么人不适合吃坚果 [J]．饮食科学，2009（2）：14-14．

冯殿齐，单兵，王玉山，等，一种苦杏酒的酿造方法：CN，CN 101955874 B [P]．2013．

傅维康，莲子漫话 [J]．中医药文化，2013．8（05）：39-41．

GH/T1029-2002 板栗 [S]．

GBT 29647-2013坚果与籽类炒货食品良好生产规范 [S]．

龚敏迪，临近冬至话南瓜 [N]．文汇报，2013-12-3．

顾欣，李莉，侯雅坤，等，响应面法优化山杏仁蛋白提取工艺研究 [J]．河北林果研究，2010．25（2）：162-168．

郭王达，橡子淀粉提取及其主要理化特性分析 [D]．西北农林科技大学，2011．

胡笑红，"美国大杏仁"真相 [J]．现代阅读，2013 (2)：56-56．

黄敏，操庆国，腰果产业具有良好的发展前景 [J]．食品工程，2009 (1)：28-30．

黄少沛，储开江，李苏萍，求鹏英，优质椒盐香榧的加工方法 [J]．中国农村科技，2007 (04)：27-28．

蒋丹，刘淑燕，徐君怡，等，巴西果仁致敏原的实时荧光PCR检测 [J]．分子科学学报（中、英文），2009，25 (4)：294-296．

居荃培，健脾益肾话莲子 [N]．中国医药报，2015-07-21 (004)．

库热什，阿依先木，阿月浑子优质丰产栽培技术要点 [J]．河北林业科技，2000 (3)：12．

雷明山，扁桃嫁接育苗技术 [J]．林业实用技术，2009 (6)：33-34．

李斌，花生栽培管理技术 [J]．农家科技旬刊，2015 (10)．

李超，商学兵，宋慧，等，山药花生黑米复合保健饮料的工艺研究 [J]．食品工业，2014 (2)：3-6．

李东阳．扁桃（美国大杏仁）——水土保持的优良、高效树种 [J]．农村实用工程技术，2002 (1)：32-33．

李峰，一种美国山核桃的加工制作方法：，CN 104026658 A [P]．2014．

李宏建，吃坚果可降低心脏性猝死 [J]．国际中医中药杂志，2003 (2)：123-123．

李宏睿，张文波，王慧慧，等，杏仁蛋白酶解工艺以及抗氧化活性研究 [J]．食品研究与开发，2010，31 (6)：66-70．

李铁军，山杏仁和杏叶中有毒成分的测定 [J]．人力资源管理，2010 (A06)：298-299．

李晓杰，陕西主要银杏栽培品种氨基酸变异规律研究 [D]．西北农林科技大学，2011．

李心平，刘帅，越吃越"开心"的开心果 [J]．中老年保健，2010 (11)：31．

黎章矩，程晓建，戴文圣，曾燕如，香榧品种起源考证 [J]．浙江林学院学报，2005（04）：443-44.

李卓瓦，莲子的营养价值及加工利用 [J]. 农产品加工（学刊），2008（06）：42-43+50.

梁慧峰，核桃楸的化学成分及利用研究进展 [J]. 北方园艺，2010（16）：219-221.

梁理，开心果生产工艺及安全卫生规范 [J]. 农业与技术，2006，26（3）：167.

刘津，陈源树，凌莉，等，食品过敏原巴西坚果环介导等温扩增检测方法的建立与应用 [J]. 食品工业科技，2014，35（14）：76-80.

刘玉波，张海军，张文彬，榛树的新用途 [J]. 特种经济动植物，1998（6）.

刘锡诚. 越系文化香榧传说群的若干思考———一个香榧传说群的发现及其意义 [J]. 西北民族研究，2013（2）：50-60.

刘义军，朱德明，黄茂芳，腰果加工利用的研究进展 [J]. 农产品加工　学刊：下，2013（22）：43-45.

刘永丰，朱佳满，药食珍稀果—开心果 [J]. 农民致富之友，2001（9）：7.

刘振启，刘杰，白果的优劣鉴别 [J]. 首都医药，2010（3）：39-39.

芦柏震，周俐斐，侯桂兰，药食兼用的油性坚果研究进展 [J]. 中华中医药学刊，2009（3）：646-648.

律凤霞，扁桃资源的开发及栽培技术 [J]. 北方园艺，2004（3）：31-31.

吕巨智，梁和，张智猛，等，花生仁的营养成分及保健价值 [J]. 中国食物与营养，2009（2）：50-52.

苗兴军，山杏苦杏仁苷含量差异及苦杏仁油安全性评价 [D]. 西北农林科技大学，2014.

闵二虎，烹饪技法解密之盐焗菜 [J]. 烹调知识，2013（8）：48-49.

沈蓓，吴启南，陈蓉，等，芡实提取物对D-半乳糖衰老小鼠学习记忆障碍的改善作用 [J]. 中国老年学，2012，32（20）：4429-4431.

孙树杰，王兆华，宋康，等，核桃营养价值及功能活性研究进展 [J]. 中国食物与营养，2013，19（5）：72-74.

夏君霞，房明虎，王俊转，等，鉴别核桃饮料产品中添加其它坚果的研究 [J].

饮料工业，2015（2）：26-29.

肖热风，赖怀恩，肖海霞，中药白果的保健作用 [J]. 中国现代药物应用，2013，7（9）：186-187.

谢碧霞，谢涛，我国橡实资源的开发利用 [J]. 中南林业科技大学学报，2002，22（3）：37-41.

万洋灵，郭顺堂，橡子全粉与淀粉糊化性质和消化性的研究 [J]. 食品科技，2013（12）：204-208.

王鸿雁，营养保健的核桃食品 [J]. 农产品加工综合刊，2011（8）：22-23.

汪景彦，美国大扁桃发展前景广阔 [J]. 农家参谋，2004（12）.

王军，榛子板栗之别 [J]. 农产品市场周刊，2007（34）.

王莉，周春华，银杏种核的采收、采后处理和贮藏保鲜技术 [J]. 江苏农业科学，2002（5）：53-55.

王丽娟，一种治疗肺炎的中药组合物及其制备方法：，CN101524463 [P]. 2009

王玲波，徐文东，苦杏仁与甜杏仁的鉴别研究 [J]. 黑龙江医药，2014（2）：278-280.

王昊军，情趣美食之莲子和藕 [J]. 农产品加工，2014（06）：68.

王向阳，修丽丽，香榧的营养和功能成分综述 [J]. 食品研究与开发，2005（02）：20-22.

吴芳彤，肖贵平，莲子的营养保健价值及其开发应用 [J]. 亚热带农业研究，2012，8（4）：274-278.

王忠壮，水中芡实，药食两宜 [J]. 家庭用药，2009（7）：46-46.

魏照信，陈荣贤，殷晓燕，等，中国籽用南瓜产业现状及发展趋势 [J]. 中国蔬菜，2013，1（9）：10-13.

魏玉君，王联营，阿月浑子生产现状及引种前景 [J]. 河南林业科技，2004，24（2）：32-33.

橡子采集和贮藏技术 [J]. 现代农村科技，2013（15）：73-73.

姚力杰，十大健康坚果排行 [J]. 家庭医药：快乐养生，2014（10）：18-18.

永明，"榛子崔"的创业路 [J]．农产品加工·综合刊，2011 (2)：51—51．

于银龙，4款瓜子食品加工新技术 [J]．农村新技术，2011 (5)：34．

张继东，进补，少不了芡实 [J]．医食参考，2014 (3)：35—35．

张良奎，白果的采收与贮藏 [J]．山西林业，1997 (Z1)：42—43．

张文涛，气调包装对核桃仁冷藏品质和生理生化影响的研究 [D]．南京农业大学，2012．

张欣哲，健康零食——美国加州巴旦木协会媒体交流会 [J]．食品科技，2013 (9)．

张雪飞，银杏栽培技术要点及主要病虫害防治 [J]．河北林业科技，2007 (4)：61—62．

张英锋，张永安，天然抗癌药物——紫杉醇 [J]．河北理科教学研究，2004，31 (2)：70—72．

张毅，华福平，童燕，等，花生黄曲霉毒素的危害及预防 [J]．现代农业科技，2010 (1)：340—340．

张玉祥，漫话香榧子 [J]．服务科技，2000 (01)：40．

张志健，王勇，我国橡子资源开发利用现状与对策 [J]．氨基酸和生物资源，2009，31 (3)：10—14．

仲桂芳，浅谈白瓜子晾晒和贮藏技术 [J]．农民致富之友，2012 (23)：39—39．

中国科学院中国植物志编辑委员会．中国植物志 [M]．北京：科学出版社，1995 (41)：361．

郑先波，栗燕，夏国海，开心果优良品种介绍及建园技术 [J]．果农之友，2005 (1)：29．

郑延明，一种健脑益智的花生芝麻糖果及其制备方法：CN，CN 101953421 A [P]．2011．

朱聪明，朱萍，芡实古今应用谈 [J]．河南中医，2004，24 (4)：65—65．